독자의 1초를 아껴주는 정성!

세상이 아무리 바쁘게 돌아가더라도
책까지 아무렇게나 빨리 만들 수는 없습니다.
인스턴트 식품 같은 책보다는
오래 익힌 술이나 장맛이 밴 책을 만들고 싶습니다.

길벗은 독자 여러분이
가장 쉽게, 가장 빨리 배울 수 있는 책을
한 권 한 권 정성을 다해 만들겠습니다.

독자의 1초를 아껴주는
정성을 만나보십시오.

• •

미리 책을 읽고 따라해본 2만 베타테스터 여러분과
무따기 체험단, 길벗스쿨 엄마 2% 기획단,
시나공 평가단, 토익 배틀, 대학생 기자단까지!
믿을 수 있는 책을 함께 만들어주신 독자 여러분께 감사드립니다.

홈페이지의 '독자마당'에 오시면 책을 함께 만들 수 있습니다.

(주)도서출판 길벗 www.gilbut.co.kr
길벗 이지톡 www.eztok.co.kr
길벗스쿨 www.gilbutschool.co.kr

아티스트맘의 참 쉬운
미술놀이

미술 초보 엄마 아빠와 함께하는

아티스트맘의 참 쉬운
미술놀이

안지영 지음

길벗

저는 '아티스트맘'입니다.

제 자신을 '아티스트맘'이라고 부르기까지 많은 용기가 필요했어요.
'내가 정말 아티스트인가?', '아티스트로 살아가고 있는가?'라고 묻기 시작하면
늘 한없이 작아지거든요. 그래서 이 이름에는 자격보다는

그렇게 살고 싶다는 소망을 담았습니다.

저는 언제나 마음속 이야기를 글과 그림으로 전하는 작가가 되고 싶었어요.
열아홉에는 글이 쓰고 싶어 국문과에 진학했고,
졸업할 즈음에는 그림으로 이야기를 전하는 일을 꿈꾸게 되어
다시 대학에 들어가 서양화를 전공했지요.
늦게 배운 만큼 그림에 대한 열정이 컸지만 결혼 후 남편의 직장을 따라
미국에 오게 되면서 작가로 살고 싶은 제 꿈은 쉽게 이루어지지 못했어요.
아이가 태어난 후에는 더욱 작업할 여유가 없었고요.
물론 아이가 주는 기쁨과 경이로움이 너무나 커서
잠시 그림에 대한 열망을 잊기도 했지만요.
저는 무언가를 만들고 그리는 것을 무척 좋아하고
그런 일들을 할 때 살아 있다는 기분이 드는데,
모든 시간과 에너지를 아이를 돌보는 일에 쏟다 보니 점점 지쳐갔어요.
그때 가장 많이 했던 고민은 '나는 누굴까?', '작가일까, 엄마일까?',
'엄마이면서도 작가로 살 수 있을까?'였지요.

그러던 중 아이가 두 돌이 지나고 같이 무언가를 해볼 수 있는 나이가 되자 집에서 조금씩 미술놀이를 하게 되었어요. 사실 아이와 어떻게 놀아주어야 할지 몰라 아이와 함께 보내는 하루가 참 길게 느껴질 때였는데 제게는 가장 접근하기 쉬운 도구가 미술이라 자연스럽게 아이에게 붓과 물감을 주었던 것 같아요. 그렇게 시작된 미술놀이는 아이가 커가면서 주변 친구들과 함께 하는 그룹 미술놀이로 발전했고요. 아이에겐 미술이 곧 놀이이자 세상을 탐험하는 통로라는 것을 알게 되면서 아이의 발달 과정과 감성에 맞는 미술놀이를 고민하게 되었고, 그 과정이 제게는 새로운 창조적 삶의 방식이 되었어요.

　　아이와 함께 하는 미술놀이는 이전에 하던 미술 수업과는 아주 달랐어요. 이미 아이를 낳기 전부터 미술학원에서나 개인적으로 아이들을 가르쳐왔기 때문에 처음에 아이에게 미술을 소개할 때 다분히 무엇을 가르치려는 태도가 있었어요. 그런데 아이는 그것을 별로 좋아하지 않더군요. 얼마 되지 않아 저는 아이를 어떤 방향으로 이끌어가는 것보다 아이에게는 환경만 제공하고 자신이 원하는 방향으로 가도록 두는 것이 더 낫다는 것을 깨닫게 되었지요.

　　미술은 아이가 세상을 배우고 자신을 표현하는 도구일 뿐이에요. 미술을 배우는 것보다 더 중요한 것은 아이가 그 안에서 행복한 자신을 경험하는 것입니다. 저는 미술놀이를 시작하기 전에 미리 주제나 재료 등에 대해 이런저런 이야기를 많이 나누면서 아이가 원하는 방향을 파악해요. 그 위에 제가 아이의 창의력을 좀 더 확장시킬 수 있는 아이디어를 더하면 아이는 제가 제공한 바탕 안에서 자신이 원하는 것들을 실험하게 되죠. 자신이 미술놀이를 주도적으로 하고 있다고 느낄 때 아이의 행복감도 커져요. 엄마는 곁에서 그 행복을 제일 먼저 느껴주는 사람이 되고요. 그렇게 미술놀이를 하다 보면 아이와 엄마는 더욱 깊이 연결되지요.

　　요즘에는 아이가 커서 혼자 있는 시간이 많아지면서 그동안 제가 원했던 개인 작업도 조금씩 하고 있어요. 하지만 여전히 아이와 어떤 미술놀이를 할지 궁리할 때가 가장 신나고, 준비한 미술놀이를 아이가 좋아할 때 제일 뿌듯해요. 아이가 태어나기 전에 꿈꾸던 작가의 삶과는 조금 다른 인생을 살고 있지만 아이로 인해 이전에는 깨닫지 못했던 인생의 신비를 알게 되었기에 앞으로는 이전과는 또 다른 그림을 그리게 될 것 같아 기대가 돼요.

그동안의 기록을 책으로 묶으면서 지난 시간을 돌아보니 미술놀이를 가장 많이 했던 시기가 바로 아이가 자주 아파서 집에만 있을 때였어요. 외국에서 가족들과 떨어져 아이를 키우면서 가장 힘들 때 그 시간을 창조적으로 채워준 미술놀이. 제 삶을 다른 방향으로 바꿔준 이 미술놀이를 오늘도 하루 종일 아이와 씨름하면서 고민하는 엄마들과 나누고 싶어요. 제가 아이와 시간을 보내며 경험하고 배운 노하우들이 이 책을 통해 잘 전달되면 좋겠습니다.

이 책은 엄마의 입장에서 썼기 때문에 내용 중 어른의 도움이 필요한 부분에서 어른을 모두 '엄마'로 표기했어요. 하지만 그것이 아이들의 미술활동을 엄마만 도와줘야 한다는 뜻은 아니에요. 개인적으로는 앞으로 '아티스트맘'뿐만 아니라 '아티스트대디'도 많이 생겼으면 좋겠어요. 설명 과정에 나오는 '엄마'라는 표현은 아빠를 비롯한 가족이나 친지, 교사 등 아이의 미술놀이를 같이 즐기고 도와줄 수 있는 어른을 통칭하는 표현으로 이해해주세요.

이 책이 세상에 나오기까지 정말로 많은 사람들의 도움이 있었어요. 기획 단계부터 함께하며 중간에 포기하지 않도록 의지가 되어준 지혜 언니, 오랜 작업으로 지칠 때마다 사랑하는 마음으로 따뜻한 격려를 보내준 친구들, 아이들 촬영에 도움을 주신 어머님들, 또 다른 '아티스트'로 한국에서 아이들과 작업하며 현실적인 조언을 해준 동생 소영, 깊은 사랑과 기도로 든든한 힘이 되어주신 부모님, 아이와의 소중한 시간이 담겨 있는 기록을 너무나 멋진 책으로 만들어주신 길벗출판사 최준란 부장님, 감사한 인연 한동훈 과장님, 그동안 미술놀이로 만나 함께 작업할 수 있어 행복했던 반짝반짝 빛나는 아이들에게 마음 깊이 감사의 말을 전합니다. 혼란스럽고 눈물 많았던 시간을 함께 건너주고 보듬어준 사랑하는 남편 전계도, 그리고 이 모든 일의 창조적 영감인 소중한 딸 주은에게 이 책을 바칩니다.

2016년 7월, 따사로운 캘리포니아의 햇살 아래서

안지영

contents 1

PART 1 봄

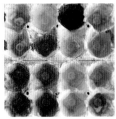

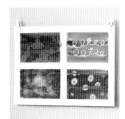
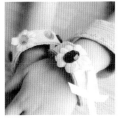

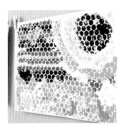

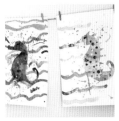

맘에 드는 미술 기법을 골라 만들어요

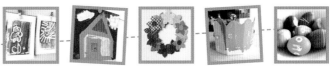

아이가 좋아하는 주제를 골라 만들어요

우리 집 미술 재료로 만들어요

이 책의 활용법

무얼 만들까?

미술놀이의 주제이자 작품의 이름이에요. 본격적으로 미술놀이를 시작하기 전에 아이와 함께 이 부분을 보며 무엇을 어떻게 표현하게 될지를 추측해보거나, "우리는 어떻게 만들까?" 하고 이야기를 나누면서 아이의 흥미를 유도하세요.

얼마나 걸릴까?

미술놀이를 마무리하기까지 걸리는 평균 시간입니다. 아이의 활동 속도와 물감을 말리는 시간에 따라 놀이 시간은 늘어날 수 있어요. 그러니 이 시간 안에 놀이를 끝내려고 무리하기보다는 아이의 속도에 맞춰서 미술놀이를 해주세요.

몇 살에게 적당한 놀이지?

미술놀이를 하기에 무리가 없는 연령을 표시했어요. 미술놀이에 익숙한 아이라면 여기에 표시된 적정 연령보다 높은 연령의 놀이에 도전해도 좋아요.

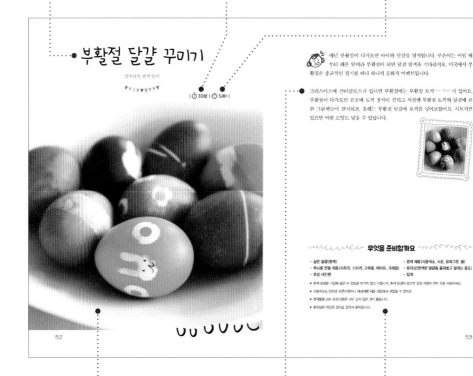

놀이를 마치면 어떤 작품이 탄생할까?

미술놀이의 결과물을 보여주는 사진이에요. 미술놀이에 익숙하지 않은 아이와 엄마라면 처음엔 이 사진대로 흉내 내보는 것도 좋아요. 어느 정도 미술놀이에 익숙한 아이라면 자신만의 세계를 표현할 수 있도록 이끌어주세요.
완성한 작품을 보관하는 방법은 18쪽을 참고하세요.

어떻게 이 놀이를 하게 됐을까?

작품에 대한 설명입니다. 저자가 어떻게 해서 이 작품을 만들게 됐는지, 이 작품에 숨은 의미는 무엇인지를 알 수 있어요.

무엇으로 만들까?

미술놀이에 쓰일 재료를 소개합니다. 본격적으로 미술놀이를 하기 전에 미리 준비해둘 재료는 무엇인지, 전문적인 미술 재료는 어떻게 사용하는지, 재료가 집에 없을 때 대체할 수 있는 재료는 무엇인지 등 자세히 소개했어요. 재료의 양을 따로 적지 않은 것은 아이가 원하는 만큼 해주자는 의미입니다.

어떻게 만들까?

미술놀이의 과정을 자세히 설명하고 사진
으로도 보여드립니다.

어떤 점을 주의해야 할까?

미술놀이를 하는 과정에서 알아두면 좋을
내용들을 모았어요.

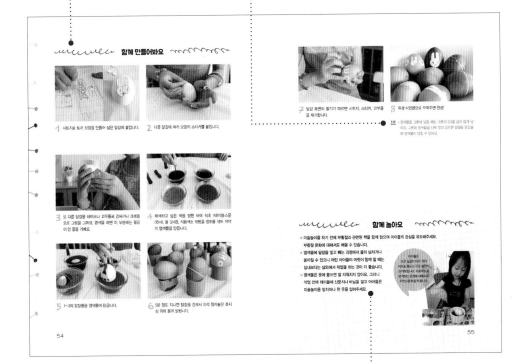

※미술 재료에 대해 좀 더 자세히 알고 싶거나
구입 방법을 찾고 싶다면 246쪽을 참고하세요.

함께 놀아요

혼자서 미술놀이를 할 때와 여럿이 함께 할
때는 재료 준비부터 달라요. 가족, 친구들
과 함께 미술놀이를 할 때 고려해야 할 점
들을 모아봤어요. 말풍선 안의 말은 이 놀
이를 하면 아이에게 어떤 도움이 되는지를
알려줍니다.

우리 집 미술관
·· 아이 작품의 보관과 전시 방법 ··

아이와 꾸준히 미술놀이를 하다 보면 결과물이 계속 늘어나는데요.
계속 갖고 있자니 부피가 만만치 않고 버리자니 아까워서 고민이 되지요.
완성된 작품은 일정 기간 집 안에 전시를 한 후
장기적으로 보관할 것인지를 생각해보세요.
아이의 자라는 속도에 맞춰 작품을 보관해두면
아이의 또 다른 성장 기록이 됩니다.
이 책에 나온 작품을 전시하고 보관하는 방법을 소개해볼게요.

그림을 벽에 전시하기

가장 손쉬운 전시 방법은 한쪽 벽에 줄이나 와이어를 설치해 아이의 그림을 걸어놓는 것이에요. 줄이나 와이어를 설치해두면 미술놀이를 한 후 곧바로 전시할 수 있고, 또 그림을 말릴 때도 사용할 수 있지요. 새로운 작품이 생기면 쉽게 그림을 교체할 수도 있고요. 아이의 방이나 거실 한쪽 벽에 우리 집 작은 아티스트를 위한 전시 공간을 만들어주세요.

액자에 걸어두기

사실 그림은 그냥 보는 것보다 액자에 넣어서 볼 때 더 빛이 나죠. 아이들 작업도 마찬가지인데요. 단순히 끄적인 그림이라도 잘 어울리는 액자에 넣어두면 멋진 드로잉 작품이 된답니다. 오래 두고 보고 싶은 그림은 액자에 넣어 걸어보세요. 특히 아이 작품을 담은 액자를 한쪽 벽에 모아 전시하면 아트 갤러리 못지 않은 분위기가 납니다.

아이 작품을 인테리어에 활용하기

캔버스 작품은 따로 액자를 하지 않아도 곧바로 걸어놓을 수 있는 장점이 있어요. 벽에 걸 수도 있지만 책장이나 선반 위에 올려놓고 관련 소품과 같이 전시하면 작품이 더욱 돋보입니다. '색상환 봄 리스'와 같은 계절을 상징하는 작품은 계절이 바뀌면 다른 작품으로 교체해주세요. 계절에 따라 아이와 미술놀이를 하고 그 작품으로 집 안을 장식하면서 계절의 아름다움을 함께 누리고 변화를 느껴보세요. 계절이나 절기를 의식하고 그 흐름에 따라 사는 것은 아이의 성장 리듬과도 잘 어울리고 육아에 지친 엄마들에게도 활력이 됩니다.

클리어 파일에 정리하기

일정 기간 전시를 한 그림은 커다란 클리어 파일에 넣어 보관을 해요. 대형 문구점이나 인터넷 오픈마 켓에서 다양한 크기의 클리어 파일을 구입할 수 있습니다. 저는 아이가 끄적이는 낙서 그림부터 함께 하는 미술놀이까지 아이의 나이에 따라 파일로 정리를 해놓고 있어요. 가끔씩 펼쳐서 보면 아이의 성 장이 보여서 참 뿌듯하지요. 아이들도 자기가 그렸던 작품을 보는 것을 좋아한답니다.

입체 작품은 상자에 보관하기

아이들이 만든 입체 작품은 장식장이나 선반 위에 전시를 한 후 종이나 버블랩으로 포장해서 상자에 보관합니다. 부피가 커서 보관하기가 어렵거나 내구성이 약한 작품은 사진을 찍어서 기록해주세요.

사진 앨범과 달력으로 만들어 보관하기

아이의 작품을 계속 보관할 수 없거나 좀 더 쉽게 자주 보고 싶다면 작품 사진을 찍어서 앨범을 만들어두는 것도 좋은 방법이에요. 아이의 성장 앨범을 만들 때 아이 작품을 중간 중간 넣을 수도 있고, 아예 작품만 모아 아이의 아트북을 만들 수도 있겠죠.

저는 주로 달력을 만드는데요. 한 해 동안 작업한 작품 중에서 열두 개를 골라 아트 달력을 만든 후 가족과 지인들에게 선물하지요. 좋은 추억을 공유하는 아주 좋은 연말 선물이 된답니다.

PART 1 봄

사계절을 누리며 산다는 건 참으로 축복받은 일 같아요.
그중에서도 봄은 새로운 생명이 파릇파릇 돋고 예쁜 꽃들이
피어나는 것을 보는 것만으로도 기분이 설레고 뿌듯하죠.
마치 아이가 태어나 점점 커가는 것을 지켜보는 것처럼요. 봄이 오면
저와 주은이는 봄 빛깔을 표현하는 미술놀이를 주로 했어요.
여러분은 봄 하면 무엇이, 어떤 색이 떠오르나요?
아이와 힘께 다재로운 봄 빛낄을 미술놀이로 표현해보세요.

모노 프린트

세상에 단 하나뿐인 그림

| ⏱ 30분 | 😊 4세+ |

따사롭던 어느 봄날 오후, 주은이가 신나게 그리고 찍었던 모노 프린트. 이 그림들을 보고 있으면 그 날의 즐거웠던 기억이 떠올라요. 아이들은 본능적으로 찍는 행위를 좋아하기 때문에 판화 기법을 잘 응용하면 즐겁고도 창의적인 미술놀이를 할 수 있지요.

모노 프린트Mono Print는 판화의 한 종류예요. 하지만 여러 번 찍는 것이 특징인 다른 판화들과는 달리 한 번mono만 찍을 수 있어요. 드로잉으로 판을 만들어 찍기 때문에 어린 아이부터 초등학생까지 모두 즐거워하는 미술놀이랍니다. 게다가 단순하지만 순간의 에너지가 표출된 아이들의 드로잉을 판화로 찍으면 훌륭한 미술작품이 탄생하지요. 붓이 아닌 면봉으로 쓱쓱 그리고 꾹 찍으면 완성되는 모노 프린트, 시작해볼까요?

무엇을 준비할까요

- 수채화지 또는 도화지
- 마스킹 테이프
- 팔레트
- 어린이 수성 물감
- 롤러 또는 스펀지붓
- 물티슈
- 아크릴판
- 면봉

■ 아크릴판이 없으면 평평한 곳에 알루미늄포일(쿠킹호일)을 펼쳐놓고 쓰세요.

■ 수채화지처럼 질감이 있는 종이가 잘 찍히지만 수채화지가 없다면 도화지를 사용하세요. 종이는 미리 엽서나 카드 크기로 잘라놓으면 편합니다.

■ 일반적으로 판화를 할 때는 롤러를 쓰지만 이 작업은 스펀지붓으로도 충분해요. 스펀지붓은 일반 붓보다 자국이 적고 물감을 골고루 칠할 수 있는 장점이 있어요.

함께 만들어봐요

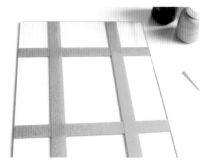

1 마스킹 테이프를 활용해 아크릴판 위에 그림 그릴 공간을 만듭니다. 그림 그릴 공간은 그리고자 하는 그림보다 2cm 정도 작게 만들어요.

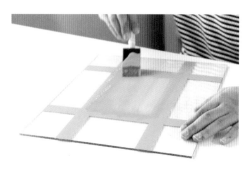

2 그림 그릴 공간에 물감을 골고루 칠합니다. 한 가지 색으로 공간을 채워도 좋고 면을 나눠서 두세 가지 색을 칠해도 좋아요.

3 마스킹 테이프에 묻은 물감은 물티슈로 닦아주세요. 마스킹 테이프에 물감이 묻어 있으면 판화를 찍었을 때 가장자리가 깨끗하게 나오지 않거든요.

4 물감을 칠한 곳에 면봉으로 원하는 그림을 그립니다. 판화는 좌우가 반대로 찍히니 글씨를 넣고 싶다면 반대로 쓰세요. 예) 바 → ㅏㅂ

5 그림 위로 종이를 덮어 꾹 누릅니다. 이때 종이가 움직이지 않도록 주의하세요.

6 종이의 한쪽 끝을 잡고 천천히 떼어냅니다.

30

7 모노 프린트가 완성되었어요.

8 완성된 작품은 한쪽에 전시해두거나 가족이나 친구들에게 선물하세요.

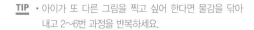

TIP • 아이가 또 다른 그림을 찍고 싶어 한다면 물감을 닦아내고 2~6번 과정을 반복하세요.

함께 놀아요

★ 형제나 또래 친구들과 함께 하는 미술놀이는 서로의 다양한 작품을 볼 수 있어서 좋습니다.

★ 판에 그림을 그리고 찍을 때 아이들끼리 부딪히지 않도록 작업 공간을 넉넉하게 마련해주세요.

★ 종이에 그림을 그릴 때와 판에 그려서 찍을 때가 어떻게 다른지 이야기해보세요.

★ 형제나 친구의 그림에 제목을 붙여주며 느낀 점을 이야기해봅니다.

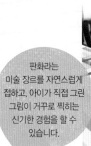
판화라는 미술 장르를 자연스럽게 접하고, 아이가 직접 그린 그림이 거꾸로 찍히는 신기한 경험을 할 수 있습니다.

테이프 그림

테이프를 찢어서 쓱쓱 그리는 그림

| ⏱ 30분 | 😊 5세+ |

처음으로 테이프 그림을 그렸을 때 주은이는 자기가 붙인 테이프를 떼어내는 걸 무척 아까워했어요. 하지만 테이프를 떼어내고 물감이 묻은 면과 묻지 않은 면에 의해 상상했던 형태가 드러나자 신기했는지 'more!'를 외치며 더 하고 싶어 했죠.

어린이 미술에서 밑그림은 대체로 연필이나 크레파스, 마커와 같은 드로잉 재료로 그리지만 마스킹 테이프를 쓰면 테이프를 뜯어서 찢고 붙이는 행위 자체로 아이들은 즐거움을 느껴요. 또 테이프가 다른 밑그림 도구보다 두껍기 때문에 선을 좀 더 크고 과감하게 그릴 수 있다는 장점이 있어요. 마스킹 테이프로 아이의 미술놀이에 즐거움을 더해보세요.

무엇을 준비할까요

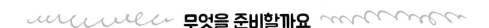

- 상자 종이
- 마커 또는 사인펜
- 물통
- 마스킹 테이프
- 붓
- 아크릴 물감 또는 어린이 수성 물감
- 팔레트 또는 일회용 접시

■ 상자 종이에 색을 칠할 땐 아크릴 물감이 가장 효과적이에요. 이때 물은 가급적 적게 사용하세요. 물은 붓을 닦을 때만 쓰고, 물감에는 많이 섞지 않는 것이 좋아요.

■ 아크릴 물감이 없다면 어린이 수성 물감을 사용할 수 있어요. 단, 어린이 수성 물감은 아크릴 물감에 비해 농도가 옅어서 채색 시 상자 종이가 비칠 수 있어요. 그럴 땐 물감에 흰색을 조금 섞어 물감을 불투명하게 만든 후에 칠하세요.

1 준비한 상자 종이에 마스킹 테이프로 밑그림을 그립니다.

2 팔레트에 채색에 쓸 물감을 짜놓습니다.

3 물감으로 색을 칠합니다. 마스킹 테이프 위에 물감이 묻어도 괜찮아요.

4 물감이 다 마르면 마스킹 테이프를 떼어냅니다. 급하게 떼어내면 종이가 찢어질 수 있으니 천천히 떼어냅니다.

TIP • 완성한 작품은 한쪽 벽에 줄을 연결해 집게로 집어 걸어놓거나 액자에 넣어 전시해주세요. 자신이 만든 작품이 전시된 걸 보면서 아이는 미술놀이에 더욱 흥미를 느낍니다.

5 마스킹 테이프가 있던 자리는 물감이 묻지 않아 종이의 색이 고스란히 드러납니다. 그대로 두어도 좋고, 마커로 색을 더하거나 그림을 더 그려도 좋습니다.

6 테이프 그림 완성!

함께 놀아요

★ 회화의 마스킹 기법을 쉽게 적용한 미술놀이입니다. 마스킹 기법이란
   특정 부분을 접착성이 있는 재질로 덮어서 색을 칠할 때 그 부분만
   물감이 묻지 않게 하는 기법입니다.

★ 물감이 칠해진 면과 물감이 없는 면의
   다른 점을 이야기합니다.

★ 테이프로 밑그림을 그렸을 때와 연필이나
   크레파스로 그렸을 때 어떻게 다른지
   이야기해보세요.

★ 색상과 재질이 다른 종이를 이용해
   다양한 표현을 해보세요.

마스킹 테이프를
원하는 모양으로 찢고
붙이면서 손과 눈의
협응력이 자랍니다.

색상환 리스

색 찾기 놀이로 만드는 봄맞이 리스

| ⏱ 30분 | 👶 5세+ |

온 집 안을 놀이터 삼아 놀던 아이가 유치원에 들어가면서 자기 방을 인식하고 그 공간을 자신이 원하는 대로 꾸미고 장식하기 시작했어요. 그래서 미술놀이를 할 때도 계절이나 절기에 따라 방문에 걸어놓는 리스를 자주 만들게 되었지요.

따사로운 봄을 맞아 주은이와 함께 만든 색상환 리스. 색상환은 색을 체계적으로 표시하기 위해 같은 계통의 색들을 둥근 모양으로 배열한 것인데요. 색상환 리스를 만들다 보면 아이들이 자연스럽게 다양한 색을 접하고 색의 조화와 차이를 느낄 수 있어요.

무엇을 준비할까요

- 색상환(12색)
- 풀
- 꽃 도안
- 색지 혹은 색종이
- 가위
- 원을 그릴 수 있는 도구나 그릇
- 두꺼운 종이(상자 종이 또는 마분지)
- 연필

■ 색상환은 문방구나 화방에서 구입하거나 인터넷에서 검색하면 쉽게 찾을 수 있어요.

■ 색지 대신 잡지나 책으로 색 찾기를 해도 좋아요.

■ 리스를 붙일 딱딱한 종이가 없을 땐 동그란 일회용 종이접시를 사용하세요.

함께 만들어봐요

1 상자 종이에 비교적 큰 그릇을 엎어놓고 동그라미를 그립니다.

2 먼저 사용한 그릇보다 작은 그릇을 원 안쪽에 엎어놓고 작은 원을 그립니다.

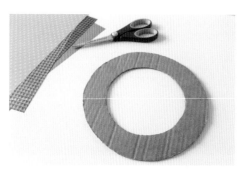

3 상자 종이에 그려진 선을 따라 가위나 칼로 잘라 링을 만듭니다. 이 작업은 아이 혼자서 하기엔 어려울 수 있으니 엄마가 도와주세요.

4 색상환에 있는 색과 동일한 색의 색지에 꽃 도안을 대고 그린 뒤에 오립니다. 오리고 남은 종이는 작은 원 모양으로 잘라 모아둡니다.

5 자른 꽃 모양을 색상환 위에 놓고 색을 잘 찾았는지 비교해봅니다. 꽃 모양의 색이 조화롭게 변화하는지도 살펴보세요.

6 링에 꽃을 붙입니다. 색상환을 보면서 색의 위치를 파악한 후 삼원색(노랑, 빨강, 파랑)을 삼각형 구도로 붙여주세요.

7 삼원색 사이에 이차색인 주황, 보라, 초록을 붙입니다. 이 과정에서 '노랑+빨강=주황', '빨강+파랑=보라', '파랑+노랑=초록'의 색 배합을 익힐 수 있습니다.

8 남은 삼차색(다홍, 귤색, 연두, 청록, 남색, 자주)을 이차색 사이에 붙입니다.

TIP • 꽃 도안을 그릴 때(과정 4) 색상환에서 아이가 좋아하는 색부터 시작해 옆의 색으로 한 칸씩 옮겨가며 색지를 골라 그리면 빼놓는 색 없이 꽃 모양을 만들 수 있어요. "노랑색 다음은 뭐지?", "귤색!", "그럼 귤색을 찾아볼까?" 식으로 아이가 스스로 색을 인식할 수 있게 유도하세요.

• 삼원색은 가장 기본이 되는 색으로서 아이들에게 색을 알려줄 때 좋은 출발점이 되지요. 아이의 연령이 올라갈수록 이차색, 삼차색을 더합니다.

• 삼차색의 배합은 어린 아이들이 익히기엔 어렵습니다. 색 배합을 알려주기보다는 색상환의 순서대로 꽃을 붙이면서 색의 변화를 느끼도록 해주세요.

• 리스를 만들고 남은 종이들로 색 찾기 놀이를 해도 재미있어요.

9 동그랗게 잘라둔 원 모양을 꽃잎 위에 꽃술처럼 붙입니다.

10 봄을 더욱 화사하게 장식할 색상환 리스 완성! 뒷면에 끈을 달아 문이나 벽에 걸어두세요.

무지개색 보석 왕관

자투리 종이와 장난감 보석의 만남

| ⏱ 45분 | 😊 4세+ |

어느 집이나 아이들에게 큰 인기를 끄는 물건들이 있죠? 우리 집에서는 장난감 보석이 최고의 사랑을 받고 있는데요. 주은이는 작고 반짝거리는 물건을 무척이나 좋아해 장난감 보석을 늘 주머니나 가방에 넣고 다니지요.

장난감 보석은 모양과 색깔별로 분류하면서 놀기도 하고 소꿉놀이를 할 때 음식으로도 쓰이지만, 무엇보다 미술놀이를 할 때 좋은 재료가 된답니다. 아이가 좋아하는 재료로 미술놀이를 하면 아이가 더 적극적으로 참여하고 아이만의 창의성도 더 발휘되지요. 마침 얼마 전에 미술놀이를 하고 남은 상자 조각이 있어 아이가 왕관을 만들자는 아이디어를 냈어요. 집에 있는 장난감 보석을 붙이자며 신나하는 아이, 이렇게 또 하나의 새로운 미술놀이가 시작되었어요.

무엇을 준비할까요

- 장난감 보석(아크릴 단면 큐빅)
- 어린이 수성 물감 또는 아크릴 물감
- 물통
- 상자 종이
- 붓 또는 스펀지붓
- 공작풀
- 젯소
- 팔레트
- 연필

■ 상자 종이는 가로 길이가 아이의 머리 둘레보다 조금 더 큰 것으로 준비합니다.

■ 장난감 보석은 인터넷 오픈마켓에서 구입할 수 있어요.

■ 젯소는 아크릴화나 유화를 그릴 때 그림 그릴 재료의 표면을 정리해주는 역할을 해요. 물감이 잘 스며들고 발색이 좋아지도록 도와주지요. 캔버스나 종이에도 쓰이지만 나무나 금속 등에도 사용할 수 있습니다. 화방이나 대형 문구점에서 구입할 수 있어요.

1 상자 종이에 연필로 왕관 모양을 디자인합니다.

2 디자인을 할 때 보석을 붙일 위치도 생각해봅니다.

3 연필 선을 따라 상자 종이를 자릅니다. 상자 종이가 두꺼워서 아이 혼자 자르기 어려워하면 엄마가 도와주세요.

4 왕관 모양으로 자른 상자 종이를 바닥에 놓고 젯소를 골고루 칠합니다. 젯소가 없다면 흰색 물감에 물을 조금 섞어 얇게 발라주세요.

5 젯소가 마르면 아이에게 어떤 색을 칠하고 싶은지 물어보고 원하는 대로 칠하도록 해주세요. 주은이는 무지개색을 칠하고 있어요.

6 채색을 마치면 물감이 마를 때까지 기다립니다. 기다릴 시간이 없다면 헤어드라이어로 말려주세요.

7 기다리고 기다리던 보석 타임이에요. 예쁘게 채색한 왕관 위에 보석을 붙입니다.

8 종이의 양쪽 끝부분을 스테이플러나 테이프로 연결 하면 멋진 왕관이 완성됩니다.

함께 놀아요

★ 장난감 보석을 모양이나 색상별로 분류하는 놀이를 병행해도 좋습니다.
   아이가 좋아하는 보석을 고르고 선택한 이유에 대해 이야기를 나눕니다.
★ 어린 아이들과 여럿이 진행할 때는 상자 종이를 여러 개
   자르는 것이 쉽지 않아요. 그러니 미리 왕관 모양으로
   잘라놓거나, 상자 종이 대신 쉽게 자를 수 있는
   종이를 쓰는 것도 좋은 방법입니다.

손으로 만지고 느끼는 만들기 작업은 정서와 신체 발달에 도움이 됩니다.

동그라미 추상화

물감이랑 친해져요

| ⏱ 30분 | 👶 5세+ |

44

물감은 아이들이 정말 좋아하는 미술 재료이지만 엄마 입장에서는 거리낌없이 꺼내주기엔 머뭇거리게 되는 재료이지요. 집 안이 어질러질까 봐 걱정도 되고, 물감을 어떻게 써야 할지 막막하기도 하거든요.

그럴 때는 기본 형태를 이용한 추상화부터 시작하세요. 휴지심이나 병뚜껑 등 일상의 물건들을 이용해 동그라미를 찍고 색을 채워넣어 완성하는 동그라미 추상화는 집에 있는 재료로 아주 손쉽게 물감놀이를 할 수 있고 색감과 리듬감까지 키워줄 수 있는 좋은 미술놀이지요.

오늘은 커다란 상이나 테이블 위에 신문지를 넉넉히 깔고 아이와 함께 물감놀이를 해보면 어떨까요?

무엇을 준비할까요

- 동그라미를 찍을 수 있는 물건들(휴지심, 병뚜껑, 플라스틱 병, 종이컵 등)
- 어린이 수성 물감 또는 아크릴 물감   • 도화지   • 붓
- 팔레트   • 물통
- 동그라미를 찍을 수 있는 물건은 다양한 크기로 준비해주세요.

함께 만들어봐요

1 동그라미를 찍을 수 있는 물건들에 검은색 물감을 묻혀서 종이에 찍습니다. 큰 동그라미와 작은 동그라미들을 섞어가며 찍어 리듬감을 살립니다.

2 물감이 다 마를 때까지 기다립니다. 빨리 마르길 원한다면 헤어드라이어로 말리세요.

3 그림이 마르는 동안 채색할 물감을 세 가지 선택한 후 팔레트에 흰색과 함께 덜어놓습니다.

4 선택한 물감으로 동그라미 안을 칠합니다.

5 원색에 흰색을 조금씩 섞어서 색상의 변화를 주세요.

TIP • 동그라미를 찍을 때 동그라미들이 겹쳐져도 괜찮고, 아이가 원하는 만큼 여러 장을 반복해서 찍어도 좋아요.

• 동그라미를 채색할 때 물감을 세 가지로 제한해서 사용하면 색을 조화롭게 표현할 수 있고, 너무 많은 색들이 섞여서 물감이 회색이 되는 것을 피할 수 있어요.

• 아이가 색 선택을 어려워하면 차가운 색(파랑, 초록, 보라 계열)과 따뜻한 색(노랑, 주황, 빨강 계열)을 알려준 후 한쪽 계열을 선택하거나, 양쪽 계열에서 한두 개씩 선택하도록 도와주세요.

6 완성한 작품은 한쪽 벽에 집게로 집어 걸어놓거나 액자에 넣어 전시하세요.

함께 놀아요

★ 동그라미를 찍을 수 있는 물건을 아이와 함께 찾아보세요. 같은 모양의 사물을 찾는 과정은 형태와 공간 인식에 도움이 됩니다.

★ 채색을 마친 후 서로의 그림을 보며 느낀 점을 나눠요.

★ 다른 사람이 선택한 색과 내가 선택한 색이 어떻게 다른지 이야기를 나눕니다.

동그라미는
아이들이 가장 먼저
인식하는 기본
형태입니다

휴지심 나무

재활용 재료로 멋진 작품을

| ⏱ 45분 | 😊 5세+ |

지구의 날Earth Day을 아시나요? 하나뿐인 지구의 소중함을 기억하고 보호하자는 취지로 정해진 지구의 날은 미국에서 시작되었지만 지금은 200여 개 나라에서 기념하고 있다고 해요. 저도 매년 4월이 되면 지구의 날을 기억하자는 뜻에서 달걀판이나 휴지심, 종이상자와 같이 생활에서 쉽게 접할 수 있는 재료들을 재활용하는 미술놀이를 하고 있어요.

휴지심 나무는 아이와 엄마 모두가 재미있게 즐길 수 있는 미술놀이예요. 매주 한두 개씩 생기는 휴지심을 버리지 않고 모아두었다가 활용하면 멋진 작품으로 다시 태어나거든요. 오늘은 봄 빛깔을 듬뿍 머금은 색깔로 채색해 에너지 넘치는 휴지심 나무를 만들어요.

무엇을 준비할까요

- 휴지심 6~8개
- 가위
- 붓 또는 면봉
- 바탕용 종이(상자 종이 또는 하드보드지)
- 공작풀
- 팔레트
- 아크릴 물감 또는 어린이 수성 물감
- 물통

■ 바탕으로 쓸 종이는 휴지심을 붙여도 될 만큼 두께가 있는 것이 좋지만 수채화 물감을 쓸 경우에는 수채화지 또는 흰색 도화지를 바탕 종이로 사용하세요.

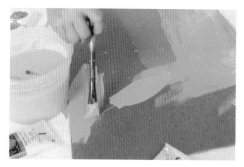

1 바탕용 종이에 붓으로 나무 기둥을 그리고 원하는 색으로 나무 기둥과 바탕을 칠합니다. 종이 본연의 색을 살리고 싶다면 바탕색은 칠하지 않습니다.

2 채색이 끝나면 한쪽에서 말립니다.

3 물감이 마르는 동안 가위로 휴지심을 1.5~2cm 두께로 잘라줍니다.

4 휴지심을 기둥 주변에 올려 나무 형태를 만들어봅니다. 만들고 싶은 모양이 결정되면 휴지심을 풀로 붙입니다.

5 휴지심이 움직이지 않을 정도로 풀을 말린 후 채색하고 싶은 색을 골라 휴지심 안쪽을 칠합니다.

6 아이가 좋아하는 다양한 빛깔로 채워나갈 수 있게 아이를 격려하고 지지해주세요.

7 휴지심 나무가 완성되었습니다. 완성된 작품은 아이의 방이나 거실에 전시해주세요.

TIP • 좁은 공간은 면봉에 물감을 묻혀서 쓰면 손쉽게 채색할 수 있습니다.

함께 놀아요

★ 아이들마다 나무 기둥을 그리고 나뭇잎을 표현하는 방식이 다릅니다.
한 가지 방식을 제시하기보다 아이들이 스스로 휴지심을 다양하게
배열하며 창의적인 나무를 만들어가도록 도와주세요.

★ 완성된 작품을 함께 감상하며 느낀 점을 이야기해보세요.

★ 작업을 하면서 재미있었던 점, 어려웠던 점을 나눕니다.

휴지심을 나무
모양으로 배열하면서
나뭇잎이 모여 나무의
형태를 만든다는 것을
알게 됩니다.

부활절 달걀 꾸미기

알록달록 염색 놀이

| ⏱ 30분 | ☺ 5세+ |

매년 부활절이 다가오면 아이와 달걀을 염색합니다. 주은이는 어릴 때부터 해온 일이라 부활절이 되면 달걀 염색을 기다리지요. 미국에서 부활절은 종교적인 절기를 떠나 하나의 문화적 이벤트입니다.

크리스마스에 산타클로스가 있다면 부활절에는 부활절 토끼^{Easter Bunny}가 있어요. 부활절이 다가오면 곳곳에 토끼 장식이 걸리고 서점엔 부활절 토끼와 달걀에 관한 그림책들이 전시되죠. 올해는 부활절 달걀에 토끼를 넣어보았어요. 시트지만 있으면 어떤 모양도 넣을 수 있답니다.

무엇을 준비할까요

- 삶은 달걀(흰색)
- 무늬를 만들 재료(시트지, 스티커, 고무줄, 테이프, 크레용)
- 유성 사인펜
- 염색 재료(식용색소, 식초, 유리그릇, 물)
- 휴지심(염색한 달걀을 올려놓고 말리는 용도)
- 집게

- 흰색 달걀을 구입해 삶은 뒤 껍질을 벗기지 않고 식힙니다. 흰색 달걀이 없으면 껍질 색깔이 연한 것을 사용하세요.
- 식용색소는 인터넷 오픈마켓이나 제과제빵 재료 매장에서 구입할 수 있어요.
- 염색물을 담는 유리그릇은 너무 깊지 않은 것이 좋습니다.
- 휴지심은 적당한 길이로 잘라서 준비합니다.

53

함께 만들어봐요

1 시트지로 토끼 모양을 만들어 삶은 달걀에 붙입니다.

2 다른 달걀에 여러 모양의 스티커를 붙입니다.

3 또 다른 달걀을 테이프나 고무줄로 감싸거나 크레용으로 그림을 그려요. 염색을 하면 이 부분에는 물감이 안 묻을 거예요.

4 채색하고 싶은 색을 정한 뒤에 식초 1테이블스푼(15ml), 물 3/4컵, 식용색소 10방울 정도를 섞어 색색의 염색물을 만듭니다.

5 1~3의 달걀들을 염색물에 담급니다.

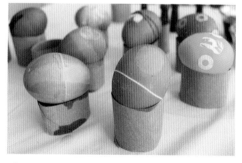

6 5분 정도 지나면 달걀을 건져서 미리 잘라놓은 휴지심 위에 올려 말립니다.

7 달걀 표면의 물기가 마르면 시트지, 스티커, 고무줄을 제거합니다.

8 유성 사인펜으로 꾸며주면 완성!

TIP ・ 염색물을 그릇에 담을 때는 그릇의 2/3를 넘지 않게 담아요. 그릇에 염색물을 너무 많이 담으면 달걀을 담았을 때 염색물이 넘칠 수 있어요.

함께 놀아요

★ 미술놀이를 하기 전에 부활절과 관련된 책을 함께 읽으며 아이들의 관심을 유도해주세요. 부활절 문화에 대해서도 배울 수 있습니다.

★ 염색물에 달걀을 넣고 빼는 과정에서 물이 넘치거나 쏟아질 수 있으니 어린 아이들이 여럿이 함께 할 때는 실내보다는 실외에서 작업을 하는 것이 더 좋습니다.

★ 염색물은 옷에 묻으면 잘 지워지지 않아요. 그러니 작업 전에 테이블에 신문지나 비닐을 깔고 아이들은 미술놀이용 앞치마나 헌 옷을 입혀주세요.

아이들은 하얀 달걀이 여러 가지 색으로 물드는 것을 보면서 신기해합니다. 식용색소로 염색하는 과정에 대해서도 자연스럽게 알게 됩니다.

봄맞이 새 장식

봄 색상으로 꾸며요

| ⏱ 60분+ | 😊 6세+ |

겨울의 하얀 눈, 가을의 붉은 단풍, 여름의 푸른 바다… 계절을 생각하면 떠오르는 색깔과 이미지가 있습니다. 여러분은 봄을 생각하면 무엇이 떠오르나요?

따뜻한 어느 봄날, 새를 무척이나 좋아하는 주은이는 친구들과 함께 새 장식을 만들었어요. 점토로 만들고 봄 색깔로 칠하고 꾸미면 아주 훌륭한 봄맞이 미술놀이가 되지요. 아이와 함께 봄 하면 어떤 색이 떠오르는지를 이야기 나누고 점토로 만든 새를 화사하게 칠해보세요.

무엇을 준비할까요

- 오븐용 점토
- 뾰족한 도구(대나무 꼬치나 이쑤시개)
- 붓
- 모루
- 밀대
- 빨대
- 물통
- 리본이나 끈
- 새 도안
- 아크릴 물감
- 일회용 접시
- 아크릴용 바니쉬

■ 오븐용 점토는 손으로 모양을 만들 때는 힘이 많이 들어가지만 손에 잘 묻지 않고 잘 갈라지지 않아 완성도 높은 작품을 만들 수 있습니다. 오븐으로 구운 후에는 아주 단단해져 장기간 보관할 수 있습니다.

■ 오븐용 점토가 없으면 지점토, 도예토, 찰흙 점토 등 상온에서 단단하게 굳는 '흰색 점토'를 사용하세요.

1 점토를 탁구공 크기로 떼어내 손에 쥐고 조물거려 부드럽게 만든 후 동그랗게 빚습니다. 동그랗게 빚은 점토를 테이블에 놓고 밀대로 평평하게 밀어줍니다.

2 평평하게 펼쳐진 점토에 새 도안을 대고 뾰족한 도구로 외곽선을 따라 자릅니다. 날개도 같은 방법으로 만들어요.

3 날개를 새의 몸통 위에 붙입니다. 이때 날개 뒷면(몸통과 맞닿을 부분)에 뾰족한 도구로 가로세로 선을 여러 개 긋고 물을 묻혀 붙이면 더 잘 붙습니다.

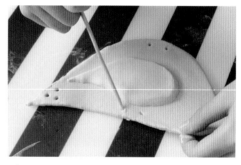

4 새의 몸통에 뾰족한 도구로 구멍을 위쪽에 2개, 아래쪽에 2개, 꼬리 부분에 3개를 뚫습니다.

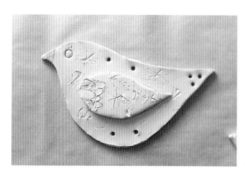

5 빨대로 눈을 찍고 뾰족한 도구로 여러 가지 무늬를 그립니다. 오븐에 넣고 110℃에서 30분 정도 구운 뒤 열기가 빠질 때까지 식힙니다.

6 봄을 상징하는 색으로 칠합니다.

7 물감이 완전히 마른 뒤에 아크릴용 바니쉬를 발라주면 좋은 상태로 오래 보관할 수 있습니다.

8 미리 뚫어놓은 구멍에 모루를 넣어 다리와 꼬리를 표현하고 윗부분에 끈이나 리본을 달아줍니다.

TIP • 점토가 딱딱해서 처음 손으로 주무를 때는 힘이 많이 들어가지만 계속 만지다 보면 어느새 점토가 부드러워집니다. 아이가 점토 다루는 것을 어려워하면 엄마가 먼저 점토를 주물러 부드럽게 만들어주세요.

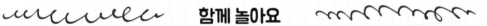

함께 놀아요

★ 같은 모양의 새를 만들어도 아이마다 사용하는 색과 표현하는 방식이 조금씩 다르므로 미술놀이를 여럿이 함께 하면 서로에게 좋은 자극이 됩니다.

★ 점토를 채색하는 것은 종이와 같은 평면을 칠하는 것과는 다른 경험입니다. 새로운 재료를 사용하는 것에 대해 많이 격려해주시고, 종이에 색칠할 때와 어떻게 다른지 이야기 나누세요.

★ 자신이 만든 새에 대해 설명하고 서로의 작품에 대해 느낀 점을 나눕니다.

점토놀이는 아이들의 마음을 편안하게 만들고 긴장을 누그러뜨리는 효과가 있습니다.

휴지심 카네이션

휴지심의 색다른 변신

| ⏱ 30분 | 😊 4세+ |

아이의 생활과 가까이 있는 미술놀이. 그렇다 보니 생활에서 쓰이는 재료들도 미술놀이에 많이 쓰게 되는데요. 그중에서도 휴지심은 정말 유용한 재료예요. 무엇보다 구하기가 쉽고, 어떻게 잘라서 활용하느냐에 따라 정말 생각지도 않은 작품이 나오거든요.

어버이날, 스승의날이 가까이 다가오면 아이들은 카네이션을 만드느라 바쁘지요. 보통 카네이션은 얇은 종이로 만들지만 휴지심을 사용하면 독창적이고 새로운 느낌의 꽃이 탄생한답니다. 감사의 마음을 전하는 5월, 아이와 함께 휴지심으로 카네이션을 만들어보세요.

무엇을 준비할까요

- 휴지심
- 붓
- 공작풀
- 나무 집게
- 나무 막대
- 물통
- 가위
- 어린이 수성 물감 또는 아크릴 물감
- 팔레트 또는 일회용 접시
- 연필

함께 만들어 봐요

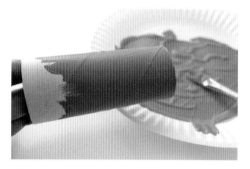

1 카네이션 색으로 휴지심을 칠합니다. 카네이션 색이 다양하니 여러 가지 색을 시도해보세요.

2 휴지심에 바른 물감이 마르는 동안 나무 막대도 칠해요.

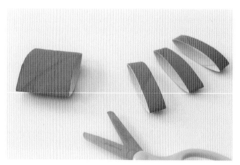

3 휴지심이 다 마르면 여섯 조각으로 등분해 가위로 자릅니다.

4 자른 휴지심 끝을 두 번 접어주세요.

5 접은 부분을 펼친 후 톱니 모양으로 다시 접습니다.

6 휴지심 꽃잎 네 개는 부채처럼 붙여주고 나머지 두 개는 사이에 나무 막대를 넣고 붙입니다.

7 풀이 완전히 마를 때까지 나무 집게로 고정해주세요.

8 감사의 말을 적은 종이를 나무 막대에 붙여줘도 좋아요.

9 완성된 카네이션은 병에 꽂아 장식하거나 감사한 분들께 선물하세요.

함께 놀아요

◆ 휴지심 벚꽃 액자

휴지심 꽃송이 끝을 한 번만 접어 다섯 개를 모아 붙이면 휴지심 벚꽃이 된답니다. 두꺼운 종이나 캔버스에 붙여 '휴지심 벚꽃 액자'도 만들어 보세요. 만드는 방법은 '휴지심 나무(48쪽)'와 비슷합니다.

달걀판 거북이

좋아하는 동물을 만들어요

| ⏱ 45분 | 😊 4세+ |

휴지심만큼이나 많이 쓰이는 재활용 재료가 달걀판이에요. 달걀판을 여러 모양으로 잘라서 붙이면 다양한 사물과 동물을 만들 수 있지요.

아이와 함께 하는 미술놀이는 아이의 관심사를 바탕으로 이뤄지다 보니 주로 아이가 좋아하는 사물이나 동물이 주제가 되는데요. 집 안에 쌓여가는 달걀판을 보면서 이번엔 또 뭘 만들까 고민하던 중 에릭 칼의 《어리석은 거북》이란 책이 눈에 들어왔어요. 그 책을 읽고 나서 거북이처럼 엉금엉금 걷는 아이를 보고 미술놀이 아이디어가 딱 떠올랐지요. '그래, 이번엔 거북이다' 하고요. 함께 만들어볼까요?

무엇을 준비할까요

- 종이 달걀판
- 붓
- 가위
- 꾸미기 재료(무빙아이, 폼스티커, 폼폼, 구슬, 단추, 스팽글 등)
- 어린이 수성 물감 또는 아크릴 물감
- 팔레트
- 마커
- 물통
- 공작풀

1 달걀판을 잘라 거북이의 몸통(등껍질)과 머리, 네 다리와 꼬리를 만듭니다. 아이가 달걀판 자르는 것을 어려워하면 엄마가 도와주세요.

2 즐거운 색칠 시간입니다. 달걀판을 물감으로 골고루 칠해요.

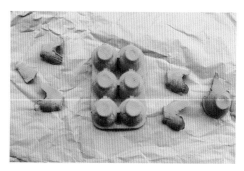

3 색칠한 달걀판을 잘 말립니다. 헤어드라이어로 말리면 건조 시간을 단축할 수 있어요.

4 물감이 다 마르면 거북이의 몸통과 머리, 다리, 꼬리를 공작풀로 연결합니다.

5 몸통을 뒤집어서 붙이면 더 쉽게 붙일 수 있어요.

6 풀이 완전히 마르고 각 부분이 잘 붙을 때까지 만지지 마세요. 풀은 마르면 투명해집니다.

7 풀이 다 마르면 눈을 붙이고 코와 입을 그립니다.

8 거북이의 등에 폼스티커를 붙입니다. 폼폼이나 구슬, 단추 등 다양한 재료로 장식을 해보세요.

9 달걀판 거북이가 완성되었습니다. 정말 엉금엉금 기어가는 거북이 같죠?

TIP • 아이가 어릴수록 오랫동안 집중하기가 어려우니 며칠에 걸쳐서 천천히 완성해도 좋아요.
• 거북이를 칠할 때 초록색에 제한하지 않고 자유롭게 색을 선택할 수 있도록 지도해주세요.
• 재단한 달걀판을 거북이 모양으로 먼저 붙인 후 채색을 해도 좋습니다.

함께 놀아요

★ 달걀판의 울퉁불퉁한 면을 만지며 새로운 촉감을 경험하도록 합니다.

★ 어떻게 거북이를 꾸밀지 아이들과 함께 이야기를 나누며 창의적으로 거북이를 만들어봅니다.

★ 종이와 같은 평면 재료가 아닌 입체 재료에 채색하면서 느낀 점을 이야기 나눕니다.

달걀판을 잘라서 동물을 만들다 보면 형태와 공간에 대해 익히게 됩니다.

하트 가랜드

면봉으로 그리는 그림

| ⏱ 30분 | 😊 4세+ |

미술이 아이의 삶에 자연스럽게 스며들려면 먼저 미술 재료와 친해져야 합니다. 만일 물감을 색칠할 때만 쓰는 것이 아니라 무언가를 끄적거리거나 글씨를 쓸 때도 사용한다면 어떨까요?

아이를 키우는 집이라면 대부분 면봉이 있어요. 면봉은 물감이 잘 묻고 두께가 적당해 어린 아이들이 붓 대신 쉽게 쓸 수 있는 그림 도구입니다. 하트 모양으로 자른 종이에 면봉으로 그리는 그림은 참으로 귀엽고 사랑스럽습니다.

밸런타인데이나 어버이날, 스승의날과 같이 고맙고 사랑하는 사람들에게 마음을 전하고 싶은 날, 아이와 함께 하트 가랜드와 카드를 만들어보세요. 물감이 사용하기에 어렵지 않고 쉽게 갖고 놀 수 있는 미술 재료임을 알게 될 서예요.

무엇을 준비할까요

- 하트 도안
- 반짝이 물감 또는 어린이 수성 물감
- 플라스틱 통
- 면봉
- 연필
- 끈
- 도화지
- 가위 또는 모양가위
- 집게

■ 반짝이 물감은 인터넷 오픈마켓이나 대형 문구점 등에서 구입할 수 있어요. 반짝이 물감 대신 어린이 수성 물감이나 아크릴 물감, 수채화 물감 등을 써도 좋아요.

1 도화지에 하트 도안을 대고 연필로 외곽선을 그려요.

2 외곽선을 따라 가위로 오립니다. 모양가위가 있다면 외곽선에 다양한 멋을 낼 수 있어요.

3 사용할 물감을 플라스틱 통에 덜고 물감 옆에 면봉을 하나씩 놓아주세요. 이때 색을 섞고 싶다면 종이에서 직접 색을 섞습니다.

4 면봉에 물감을 묻혀 종이에 그림을 그립니다. 곡선, 직선, 지그재그 등 여러 가지 선도 그려보고 점도 찍어봅니다.

5 글씨를 써도 좋아요. 어린 아이들에겐 글쓰기와 그림 그리기가 같은 활동이니 그림과 함께 이름이나 하고 싶은 말을 쓰게 하고 주변을 장식해주세요.

6 면을 여러 가지 색으로 가득 채울 수도 있습니다. 다양한 방법으로 즐겁게 실험하도록 해주세요.

7 작업이 끝난 그림들은 한쪽에 두고 잘 말립니다.

8 완전히 마르면 끈과 집게를 이용해서 가랜드를 만들 거나 소중한 사람들에게 선물로 주세요.

TIP • 사용한 면봉에 여러 가지 색이 묻으면 새 면봉으로 교체합니다.

• 면봉을 세우면 얇은 선이, 눕히면 두꺼운 선이 만들어지는 것을 경험하도록 도와주세요.

함께 놀아요

★ 하트 외에도 다양한 모양으로 종이를 잘라 그림을 그려보세요.

★ 면봉에 물감을 묻혀 그림을 그렸을 때와 붓을 사용했을 때 어떻게 다른지 이야기해보세요.

★ 면봉처럼 붓 이외에 물감을 칠할 수 있는 도구에는 무엇이 있는지 생각해봅니다.

사물의 용도를 새롭게 발견하는 경험은 사고의 폭을 넓히는 효과가 있습니다.

내 이름 앞치마

무지 앞치마에 물감을 톡톡

미술놀이를 아이와 함께 해서 좋은 점은 생활에서 쓸 수 있는 물건을 같이 만들 수 있다는 거예요. 아이가 직접 만든 물건을 사용하면 성취감과 자신감, 무언가를 만들고자 하는 창조 욕구도 상승하는 것 같아요.

미술놀이를 할 때 유용하게 쓰이는 앞치마를 아이와 함께 꾸며보세요. 좋아하는 동물 모양의 여백에 물감을 톡톡 찍고 내 이름을 넣어서 만드는 나만의 앞치마. 직접 꾸며서 만든다면 아이가 더욱 애착을 가지고 미술놀이를 하게 될 거예요.

참! 이 미술놀이를 통해 아이들은 자연스럽게 공판화^{스텐실}를 경험하게 된답니다. 공판화는 종이에 구멍을 뚫어 그 부분을 통해 물감을 찍어내는 판화예요.

무엇을 준비할까요

- 무지 앞치마
- 알파벳 스티커
- 팔레트

- 동물 도안
- 면봉 또는 붓
- 가위

- 시트지 또는 OHP 필름
- 염색 물감 또는 아크릴 물감
- 유성 사인펜

■ 무지 앞치마는 어린이 미술재료 쇼핑몰이나 인터넷 오픈마켓에서 구할 수 있습니다.

■ 시트지가 없으면 천에 OHP 필름을 테이프로 고정해서 사용하세요.

■ 염색 물감은 천에 그림을 그리거나 무늬를 넣을 때 쓰는 직물 전용 물감입니다. 물감을 말린 후 다리미로 다리면 물감이 천에 고착되어 세탁을 해도 변형되지 않습니다. 대형 화방이나 인터넷 오픈마켓에서 구할 수 있어요.

■ 염색 물감이 없어서 아크릴 물감을 대신 쓸 경우 세탁 시 물감이 떨어져나가지 않도록 주의해주세요.

1 아이가 좋아하는 동물 도안을 인쇄한 후 잘라서 유성 사인펜으로 시트지 뒷면에 옮깁니다.

2 동물 도안의 외곽선을 따라 오립니다. 사진처럼 가운데가 텅 비도록 잘라주세요. 복잡한 동물 도안은 아이가 자르기 힘드니 엄마가 도와주세요.

3 2의 시트지에서 종이를 떼어내 무지 앞치마의 앞면에 붙입니다.

4 시트지가 붙어 있지 않은 동물 모양의 여백에 아이이름 스티커를 붙입니다.

5 어떤 색을 쓸지 정하고 팔레트에 물감을 덜어놓습니다. 색상 하나당 면봉 하나씩 꽂아주세요.

6 면봉에 물감을 묻혀 동물 모양의 여백을 톡톡 두드리듯 점을 찍어 꾸밉니다. 바탕을 먼저 칠한 후 그 위에 점을 찍어도 좋습니다.

7 물감이 다 마르면 시트지와 스티커를 떼어냅니다. 염색 물감의 경우 그림 위에 종이나 천을 덮고 5분 정도 다리미로 다려주세요.

8 내 이름을 넣어 직접 꾸민 앞치마가 완성되었습니다.

TIP • 면봉이 작아서 면을 채우기가 어려우면 면봉보다 크기가 큰 재료(둥근 붓, 솜, 스펀지 등)에 물감을 묻혀 찍어주세요.

함께 놀아요

★ 아이가 좋아하는 동물을 그려서 아이의 흥미를 유발합니다.

★ 면봉에 물감을 묻혀 점을 찍는 것과 붓을 사용해 채색하는 것이 어떻게 다른지 이야기해보세요.

★ 완성된 앞치마를 입고 함께 감상하며 재미있게 표현된 부분에 대해 이야기합니다.

아이는 자신이 사용할 앞치마를 직접 꾸미면서 성취감과 자신감이 높아집니다.

달걀판 아트 액자

버리는 달걀판이 멋진 캔버스로

| ⏱ 45분 | 😊 4세+ |

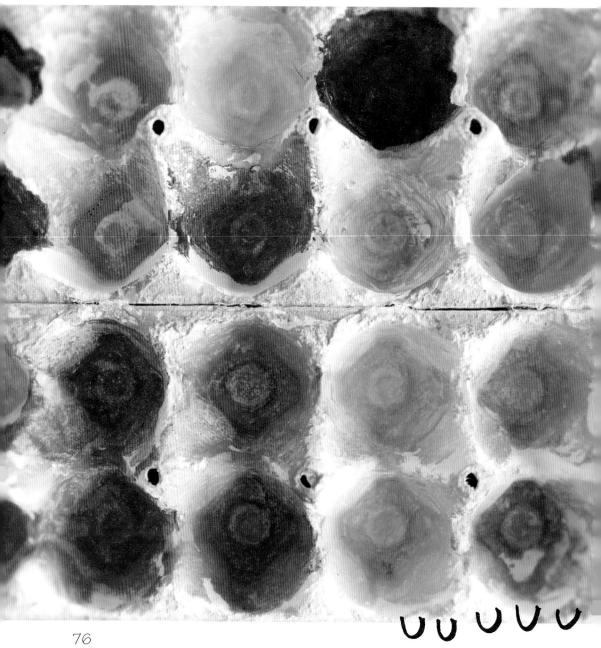

종이 반죽으로 만들어진 달걀판은 잘라서 여러 가지 모양으로 만들 수도 있지만 종이나 캔버스처럼 활용하면 그 자체로 훌륭한 그림의 바탕이 됩니다. 달걀이 들어 있던 칸마다 다른 색을 칠하거나 칸을 이용해서 패턴을 그릴 수 있고, 그냥 자유롭게 칠해주기만 해도 의외로 멋진 작품이 나온답니다.

우리가 일상에서 쓰는 물건들을 잘 살펴보면 미술 재료로 쓸 수 있는 것들이 참 많아요. 어떤 물건이 원래의 용도 말고 다른 용도로도 쓰일 수 있다는 것을 경험한다면 아이들은 '미술에는 다양한 재료가 쓰일 수 있구나' 하고 깨닫는 것은 물론 표현력과 창의력이 더욱 커집니다.

무엇을 준비할까요

- 12구짜리 종이 달걀판 2개
- 어린이 수성 물감 또는 아크릴 물감
- 팔레트(또는 스티로폼 포장 용기)
- 젯소

- 딱딱한 종이(상자 종이 또는 하드보드지)
- 붓
- 물통

■ 젯소를 칠하고 물감을 칠하면 색이 좀 더 선명하게 표현되지만, 젯소가 없다면 흰색 물감을 대신 써도 좋아요. 단, 아이가 어려서 오래 집중하기 힘들거나 작업 시간을 단축하고 싶을 때는 생략해도 됩니다.

함께 만들어봐요

1 뚜껑을 잘라낸 달걀판을 딱딱한 종이에 공작풀로 단단히 붙입니다. 이렇게 하면 채색할 때 달걀판이 덜 움직이고 완성 후 벽에 붙이기에도 좋습니다.

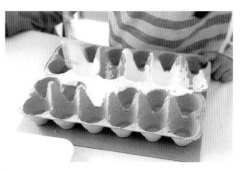

2 달걀판을 젯소로 칠합니다. 달걀판이 흰색일 경우 이 단계는 생략해도 괜찮아요.

3 원하는 색의 물감을 서너 가지 골라 흰색과 함께 팔레트에 덜어주세요.

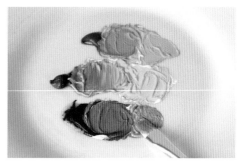

4 골라놓은 색의 한쪽에 각각 흰색을 조금씩 섞어 색상의 변화를 느껴봅니다.

TIP • 달걀판은 물을 잘 흡수합니다. 그러니 젯소를 바르지 않은 경우에는 물감에 물을 섞지 않고 칠해야 색이 선명하게 표현됩니다.

5 채색을 합니다. 달걀판을 꼼꼼하게 채색하는 것이 쉽지 않으니 전체를 다 칠하라고 하기보다 아이가 물감으로 채색하는 시간을 즐길 수 있도록 해주세요.

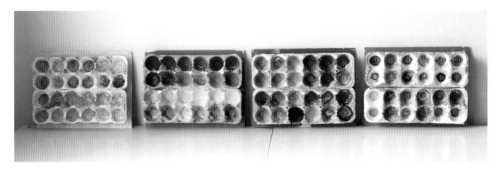

6 완성된 작품은 선반에 올려놓거나 벽에 걸어 전시합니다.

함께 놀아요

★ 여러 명이 그룹으로 활동할 경우에는 필요한 달걀판을 미리 잘라서 준비해주세요.

★ 채색하기 전에 어떤 색을 쓰고 싶은지, 어떤 그림을 그리고 싶은지를 함께 이야기 나눕니다. 서로의 이야기를 잘
들어주면 실제로 작업할 때 아이들의 태도가 좀 더 진지해집니다.

★ 달걀판의 오목한 부분과 볼록한 부분 중 어떤 부분이 채색하기가 더 좋았는지 이야기해보세요.

★ 모두의 그림을 한쪽에 전시해놓고 함께 감상하는 시간을 갖습니다.

달걀판처럼
다양한 형태가 포함된
입체물을 채색하는
일은 아이들의 촉감을
자극합니다.

PART 2 여름

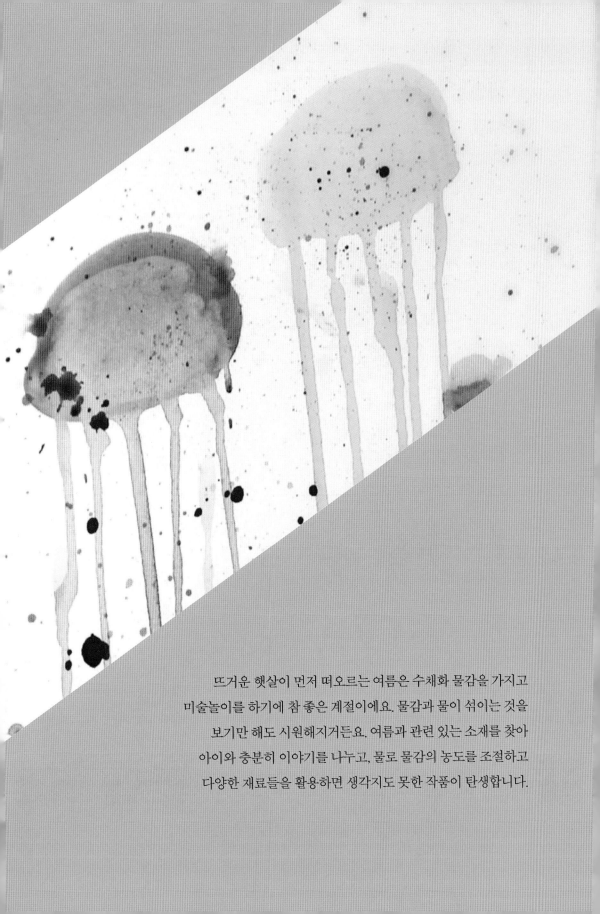

뜨거운 햇살이 먼저 떠오르는 여름은 수채화 물감을 가지고
미술놀이를 하기에 참 좋은 계절이에요. 물감과 물이 섞이는 것을
보기만 해도 시원해지거든요. 여름과 관련 있는 소재를 찾아
아이와 충분히 이야기를 나누고, 물로 물감의 농도를 조절하고
다양한 재료들을 활용하면 생각지도 못한 작품이 탄생합니다.

나만한 종이 인형

내 몸을 본 떠 만든 커다란 인형

| ⏱ 60분+ | 😊 5세+ |

아이와 인체에 대한 그림책을 읽고 있을 때였어요. 주은이가 그림책 속 주인공이 자신의 몸을 실제 크기로 그리는 장면을 보더니 "엄마, 나도 내 몸을 그리고 싶어요"라고 말했습니다. 그때부터 저는 어디에 어떻게 그리면 좋을지 고민하기 시작했고요.

오래전부터 인체는 화가에게 매력적인 그림 소재였습니다. 마찬가지로 어린 화가인 아이들에게도 몸은 참 좋은 그림놀잇감이죠. 커다란 종이에 누워 신체의 외곽선을 따라 그리고 색칠하다 보면 아이들은 자신의 몸을 관찰하고 이해할 수 있는 것은 물론 몸에 대해 긍정적인 이미지를 갖게 됩니다. 또 자신과 닮은 인형을 보며 아이들은 자신의 분신인 양 동질감을 느끼기도 한답니다.

무엇을 준비할까요

- 아이의 몸 전체를 그릴 수 있는 상자 종이
- 연필
- 가위 또는 칼
- 공작풀
- 꾸미기 재료(스팽글, 보석 장식, 단추, 쓰다 남은 천 등)
- 아크릴 물감 또는 어린이 수성 물감
- 사인펜 또는 마커
- 오일파스텔 또는 크레파스
- 반짝이 물감

■ 큰 상자 종이를 구하기 어려우면 작은 종이 여러 장을 테이프로 연결해서 쓰세요.

1 상자 종이 위에 아이를 눕히고 원하는 자세를 취하
도록 합니다.

2 엄마가 연필이나 마커로 아이 몸의 외곽선을 따라
그려주세요. 아이가 스스로 그리고 싶어하면 앉아서
다리 부분을 그릴 수 있도록 해주세요.

3 외곽선이 완성되면 아이가 직접 얼굴과 머리카락,
옷, 액세서리를 그립니다. 지금 입고 있는 옷을 그대
로 그려도 좋고 새로운 디자인으로 그려도 좋아요.

4 오일파스텔 또는 물감으로 색을 입힙니다.

5 채색이 끝나면 외곽선을 따라 오린 후 꾸미기 재료로 예쁘게 꾸밉니다. 상자 종이가 두꺼우니 외곽선은 엄마가 잘라주세요.

6 완성된 인형에게 이름을 지어주고 함께 즐거운 놀이를 합니다.

TIP • 면적이 넓어서 한 번에 채색하려면 지칠 수 있으니 시간을 두고 천천히 하게 해주세요. 얼굴, 팔 등 피부는 색 칠하지 않고 옷과 머리만 칠해도 괜찮습니다.
• 아이 몸의 외곽선을 따라 그릴 때 신체 부위마다 형태의 변화에 대해 얘기해주세요. 예를 들어 "허벅지는 아래로 내려올수록 좁아지네", "무릎은 튀어나와 있네", "종아리가 발목으로 내려갈수록 다시 가늘어지네" 등의 말을 해주면 아이의 관찰력 향상에 큰 도움이 됩니다.

함께 놀아요

★ 형제나 친구들의 종이 인형을 보며 서로의 다른 점과 비슷한 점을 이야기해보세요.
★ 몸의 외곽선을 그릴 때 아이들이 서로를 그려주어도 좋습니다.
★ 머리카락 부분에 털실을 붙이고 옷은 조각천으로 장식하는 등 채색은 여러 가지 재료로 변화를 줄 수 있습니다. 다양한 재료를 시도해보세요.

여름 수채화 놀이

수채화 물감 탐구 시간

| ⏱ 30분+ | 😊 4세+ |

수채화 물감은 아이들이 색을 경험하기에 좋은 재료입니다. 특히 젖은 종이의 결을 따라 물감이 퍼지고 색이 섞이는 현상을 눈으로 보는 것은 아이들에게 참 좋다고 해요. 그 모습이 자라나는 아이들의 특성과 잘 어울리기 때문이죠.

여름은 수채화 물감을 가지고 미술놀이를 하기에 참 좋은 계절이에요. 더운 여름 날, 아이에게 민소매 티셔츠를 입히고 수채화 물감으로 실컷 놀게 해주세요. 거실에 상을 펴놓고 해도 좋고, 야외에서 마음껏 어지르며 놀아도 좋아요. 놀이 후에 붓과 팔레트를 닦는 것도 소꿉놀이를 하듯 무척이나 즐겁게 한답니다.

수채화 물감 놀이의 기법을 몇 가지 소개할게요.

무엇을 준비할까요

- 수채화 물감
- 알코올
- 가위
- 수채화지
- 고운 소금
- 풀
- 오목한 팔레트 또는 얼음틀
- 두꺼운 빨대
- 붓(크고 넓은 붓, 중간 사이즈의 둥근 붓)

■ 어린아이들이 수채화 물감을 쓸 때 가장 어려워 하는 점은 물의 양을 조절하는 것입니다. 미술놀이를 하기 전에 작은 그릇이나 얼음틀에 물감을 덜고 물을 섞어 농도를 맞춰놓으면 아이들이 쉽게 물감을 사용할 수 있습니다.

함께 만들어봐요

번지기

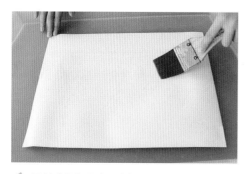

1 큰 붓에 물을 묻혀 종이에 골고루 칠해요.

2 작은 붓에 물감을 묻혀 젖은 종이에 칠합니다. 물감이 번지고 서로 섞이는 것을 관찰합니다.

알코올 묻히기

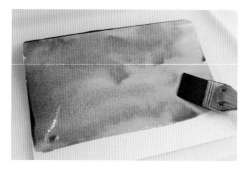

1 붓에 물감을 넉넉하게 묻혀서 종이 전체에 칠해요.

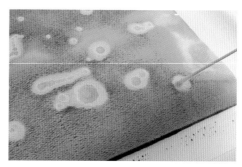

2 면봉에 알코올을 묻혀 색칠된 종이에 묻힙니다. 알코올이 묻은 부분은 탈색이 됩니다.

소금 뿌리기

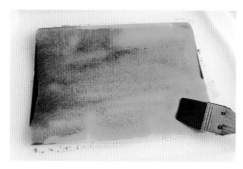

1 붓에 물감을 넉넉하게 묻혀서 종이에 칠해요.

2 물감이 마르기 전에 소금을 뿌려요. 소금이 물을 빨아들여 물감을 칠한 종이에 무늬가 생깁니다.

빨대로 불기

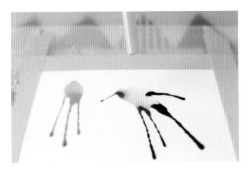

두꺼운 빨대를 이용해 물감을 조금씩 종이에 떨어뜨리고 빨대로 바람을 불어 물감을 흩트립니다.

물감 뿌리기

두 개의 붓에 서로 다른 색의 물감을 각각 묻히고 열십자로 엇갈리게 한 후 붓끼리 두드립니다. 종이 위로 물감이 자연스럽게 뿌려집니다.

TIP · 실내에서 수채화 작업을 할 땐 쟁반 위에 종이를 놓고 쓰면 편리합니다.

· 유아들은 위의 소개한 기법 중 한두 개를 선택해 한 번에 하나씩 진행하세요. 7세 이상의 아이들은 종이 한 장에 칸을 나눠서 여러 가지 기법을 실험해보면 좋습니다.

함께 놀아요

★ 여러 아이들이 함께 할 때는 자유롭게 놀이를 할 수 있도록 환경을 조성해주세요. 실내보다 물청소를 할 수 있는 야외에서 작업하는 것이 좋습니다.

★ 수채화 물감이 만들어내는 색감이 어떤 느낌인지 함께 이야기해봅니다.

수채화 물감 놀이는 아이들의 마음을 편하게 하고 스트레스를 완화합니다.

팔찌, 반지 만들기

오늘은 액세서리 디자이너

| ⏱ 30분 | 👶 4세+ |

90

주은이는 예쁘게 꾸미는 것을 좋아해요. 집에서도 공주 구두와 드레스, 장난감 목걸이로 멋을 내고 거울 앞에서 자신의 모습을 이리저리 살펴보는 거울 공주랍니다.

우리 집 거울 공주님을 위해 집에 있는 재활용 재료와 장난감 보석으로 팔찌와 반지를 만들어봤어요. 한가득 재료를 가져다 주니 공주님은 이 보석은 어디에 붙일까, 저 리본은 어떤 보석과 어울릴까 하는 즐거운 고민을 하네요. 우리 집 공주님이 오늘은 액세서리 디자이너로 변신했습니다.

무엇을 준비할까요

- 휴지심
- 공작풀
- 꾸미기 재료(리본, 펠트, 비즈, 스팽글, 단추 등)
- 배 포장용 망
- 스테이플러 또는 테이프
- 가위

함께 만들어봐요

1 휴지심을 2~3cm 폭으로 잘라줍니다.

2 자른 휴지심을 펼친 후 풀을 바릅니다.

3 휴지심 위에 같은 크기로 자른 펠트나 리본을 붙입니다.

4 리본, 비즈, 단추 등으로 장식합니다.

5 양 끝을 스테이플러나 테이프로 연결하면 팔찌 완성!

6 반지도 팔찌와 같은 방법으로 만들어주세요.

7 또 다른 스타일의 팔찌를 만들게요. 배 포장용 망을 2~3cm 폭으로 잘라줍니다.

8 자른 배 표장용 망을 리본으로 감싸고 풀로 고정합니다.

9 리본 위에 비즈나 단추로 장식합니다.

10 배 포장용 망으로 만든 팔찌가 완성되었습니다.

함께 놀아요

★ 재료를 살펴보며 어떤 팔찌와 반지를 만들지 충분히 이야기를 나누세요.
★ 아이가 만든 액세서리를 형제나 친구들에게 보여주고 뽐낼 수 있는 시간을 주세요.
★ 완성된 액세서리를 함께 보며 다른 사람이 사용한 재료와 디자인에 대해 느낀 점을 나눕니다.

자신이 직접 사용할 물건을 만들면서 성취감이 높아지고, 버리는 재료를 아름답게 재활용하는 과정에서 창의성과 미적 감각이 자극됩니다.

또르륵 해파리

수채화 물감이 또르르륵~

| ⏱ 30분 | ☺ 5세+ |

처음으로 해파리를 보던 날, 아이는 수족관의 파란 불빛 사이로 유유히 헤엄치는 해파리들에게서 눈을 떼지 못하고 한참을 가만히 있었어요. 그 날 이후로 우리는 해파리가 얼마나 투명하게 빛났는지, 헤엄치는 모양이 어떠했는지를 자주 얘기했지요.

수채화 물감은 여름과 잘 어울리는 미술 재료예요. 물감과 물이 섞이는 것을 보기만 해도 시원해지거든요. 물감이 도화지를 따라 또르르 떨어지고 서로 섞이며 생기는 현상을 응용해 그린 수채화 해파리. 더운 여름날 오후를 보내기에 더할 나위 없이 좋은 미술놀이랍니다.

아이들은 물감을 덜고, 물통에 물을 채우고, 팔레트와 붓과 물통을 닦는 일을 소꿉장난 하듯 좋아해요. 그러니 수채화를 하는 날엔 아이가 이 모든 과정을 즐길 수 있도록 미술놀이 시간을 넉넉하게 잡아주세요.

무엇을 준비할까요

- 수채화 물감
- 붓
- 수채화지
- 물통
- 오목한 팔레트 또는 얼음틀
- 쟁반

■ 수채화 물감이 없을 땐 어린이 수성 물감에 물을 섞어 농도를 옅게 만든 후 사용하거나 식용색소를 대신 사용해도 좋습니다.

■ 미리 수채화 물감을 오목한 팔레트나 얼음틀에 조금씩 덜어서 물을 섞어놓으면 아이들이 쓰기가 더 편합니다.

1 붓에 물감을 넉넉하게 묻혀 종이에 반원 모양(해파리 머리 부분)을 그립니다.

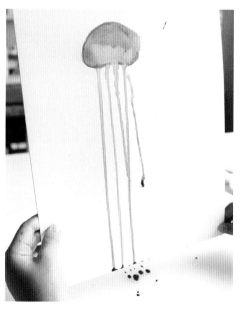

2 종이를 세워서 물감이 아래로 떨어지도록 해주세요. 종이를 바닥에 톡톡 두드리면 물감이 더 잘 떨어집니다.

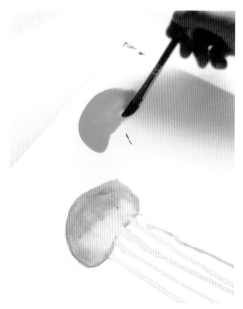

3 종이에 공간이 있다면 원하는 만큼 해파리 머리 부분을 더 그립니다.

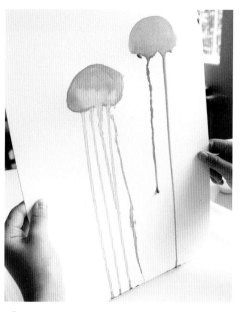

4 다시 종이를 세워서 물감을 아래로 흐르게 합니다.

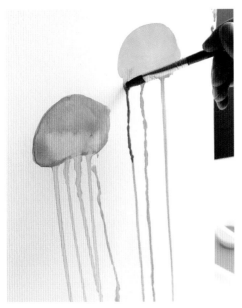

5 물감이 잘 흘러내리지 않을 때는 해파리 머리 아래쪽에 물감을 더 묻혀주세요. 물줄기가 한쪽으로만 생기면 원하는 자리에 붓을 살짝 대 물길이 생기도록 유도합니다.

6 두 개의 붓에 서로 다른 색의 물감을 묻힌 후 붓끼리 부딪히면서 자연스럽게 뿌립니다. 해파리 완성!

함께 놀아요

★ 미술놀이를 하기 전에 해파리와 관련된 책이나 사진, 비디오 등을 보여주고 해파리의 형태를 관찰하도록 해주세요.
★ 수채화 물감이 떨어지면서 우연히 생기는 효과를 관찰합니다.
★ 완성된 그림을 함께 감상하면서 해파리가 잘 표현되었는지 이야기해봅니다.

종이를 세워서 물감을 떨어뜨리는 활동을 통해 즐거움을 느낍니다.

종이 상자 인형의 집

내 손으로 만드는 장난감

| ⏱ 60분 | 👶 5세+ |

주은이에게는 '꽃님이'라는 인형이 있어요. 태어나서 처음 갖게 된 인형이라 주은이에게는 각별한 친구죠. 하루는 주은이가 꽃님이에게 집을 만들어주고 싶다면서 빈 상자를 하나 달라고 했어요. 그렇게 인형 집 만들기가 시작되었지요.

어릴 때부터 시작한 미술놀이 덕분일까요? 아이가 그리거나 만드는 것을 어려워하지 않고 즐겁게 시도해요. 그럴 때마다 우리가 함께해온 시간이 참 뿌듯하게 느껴져요. 아이가 애착을 보이는 인형이나 물건이 있고 집에 남는 빈 종이 상자가 있다면 아이가 아끼는 인형의 집을 함께 만들어보세요.

무엇을 준비할까요

- 종이 상자
- 스펀지붓
- 가위
- 어린이 수성 물감 또는 아크릴 물감
- 모루
- 젯소
- 붓
- 칼
- 팔레트

■ 채색 전에 젯소를 바르면 겉면이 깨끗하게 정리되고 채색 시 색이 선명하게 표현됩니다. 만약 젯소가 없다면 흰색 물감에 물을 조금 섞어 젯소 대신 사용하세요.

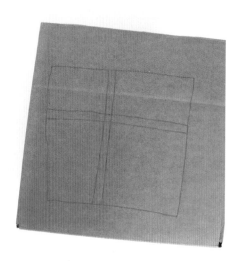

1 아이와 어떤 집을 만들고 싶은지 함께 이야기를 나 눈 후 종이 상자에 문과 창문을 그립니다.

2 아이가 밑그림을 다 그리면 엄마가 칼과 가위를 이 용해 문과 창문을 잘라줍니다.

3 상자의 겉면에 젯소를 골고루 칠합니다. 상자 본연의 색을 살리고 싶거나 작업 시간을 단축하고 싶을 때 는 생략해도 됩니다.

4 젯소가 마르면 채색을 합니다. 아이가 자유롭게 칠할 수 있도록 해주세요. 채색이 끝나면 물감이 완전히 마를 때까지 기다립니다.

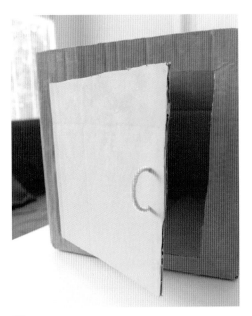

5 여러 가지 재료를 이용해 집을 꾸며주세요. 주은이는
모루로 문고리를 달아주었어요.

6 집이 완성되었습니다. 아이와 함께 즐거운 놀이를 시
작합니다.

TIP • 아이가 지붕이 있는 디자인을 원한다면 2번 과정에서
지붕을 만듭니다.

함께 놀아요

★ 형제가 있다면 함께 아이디어를 모아 같이 집을 만들고
다양한 재료로 꾸며봅니다.
★ 상자 두 개를 세로로 연결해 이층집을 만들어도 좋아요.
★ 인형의 집을 만들면서 재미있었던 점을 이야기합니다.

어떤 집을 만들지
고민하는 과정을 통해
공간과 형태를 이해하게 되고,
입체물에 색을 칠하는 경험을
통해 물감 사용에 자신감이
생깁니다.

커피 여과지 염색 놀이

종이 위에 퍼지는 물감의 아름다움

| ⏱ 45분 | 😊 4세+ |

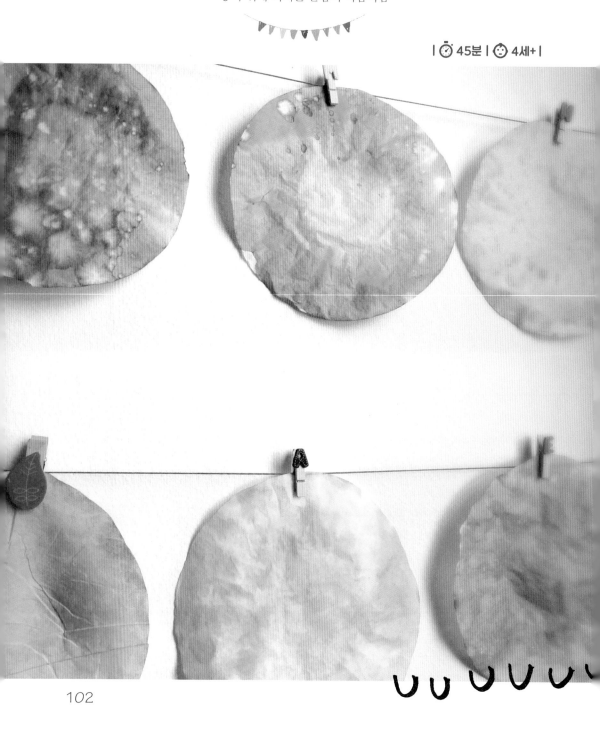

우리 집에선 수채화 물감 놀이를 할 때 꼭 등장하는 친구가 있어요. 주은이가 동그란 종이라고 부르는 이 친구는 바로 커피 여과지예요. 커피 여과지는 물을 흡수하는 성질이 뛰어나 물감이 퍼지는 걸 눈으로 볼 수 있고, 얇은데도 쉽게 찢어지지 않아 물감과 함께 갖고 놀기에 참 좋거든요.

수채화 물감으로 맘껏 놀고 싶을 때 커피 여과지 친구를 불러보세요. 여러 가지 색이 섞이면서 퍼지는 것을 눈으로 확인할 수 있고, 다 말린 종이로는 나비나 꽃 등을 만들 수도 있답니다.

무엇을 준비할까요

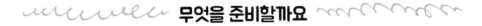

- 커피 여과지
- 붓
- 모루
- 수채화 물감
- 오목한 팔레트 또는 얼음틀
- 가위
- 스포이트
- 물통
- 방수 천 또는 식탁 매트 또는 쟁반

■ 커피 여과지 대신 화선지나 종이로 된 키친타월을 쓸 수 있어요.

■ 스포이트가 없을 땐 아이들 약을 덜어 먹일 때 쓰는 작은 약병에 물감을 담아 쓰세요.

■ 미리 수채화 물감을 오목한 팔레트나 얼음틀에 덜어서 물을 섞어놓으면 아이들이 쓰기가 더 편합니다.

1 테이블에 식탁 매트 또는 쟁반을 놓고 그 위에 커피 여과지를 놓습니다.

2 스포이트로 물감을 조금 떠서 커피 여과지 위에 떨어뜨립니다.

3 색을 너무 많이 섞으면 갈색 또는 회색이 됩니다. 그러니 한 번에 두세 가지 색만 섞도록 도와주세요.

4 아이가 하고 싶은 만큼 맘껏 놀게 해주세요.

5 채색을 끝낸 커피 여과지는 서늘한 곳에서 말립니다.

6 마른 커피 여과지는 만들기의 좋은 재료가 됩니다. 모루를 이용해서 꽃을 만들어주세요.

7 염색한 커피 여과지로 만든 꽃다발이에요.

8 남은 커피 여과지는 가운데를 모루로 묶어 나비를 만들어주세요.

TIP • 물감을 떨어뜨리면서 색에 대한 이야기를 함께 나누면 좋아요. "우리 파란색과 노란색이 섞이면 어떤 색이 되는지 볼까?" 하는 식으로요.

함께 놀아요

★ 아이들의 자유로운 내면세계를 표현하기 좋은 활동입니다.
★ 커피 여과지 밑에 키친타월을 깔면 남은 물감도 흡수하고 키친타월도 같이 염색할 수 있어요.
★ 다양한 색으로 물든 커피 여과지를 함께 감상하며 물감이 만들어낸 무늬를 관찰하고 느낌을 함께 이야기합니다.
★ 여러 아이들이 함께 할 때 실외에서 하면 좀 더 자유롭게 작업할 수 있습니다.

수채화 물감 놀이는 아이들의 긴장을 해소하고 정서를 편안하게 해줍니다.

휴지심 미니언즈

| ⏱ 60분 | 👶 5세+ |

몇 년 전 영화 〈슈퍼 배드〉를 본 후로 아이와 저는 이 노랗고 조그만 녀석들과 사랑에 빠졌어요. 그런데 이 녀석들을 주인공으로 한 영화 〈미니언즈〉가 나와 얼마나 기뻤는지 몰라요.

가만 보면 미니언들은 아이들과 참 닮은 구석이 많아요. 자신의 욕구에 충실하며 매 순간 즐거움을 찾고, 마스터를 너무 사랑해서 도와주려고 하지만 결과적으로 실수해서 일을 망치죠. 그러한 엉뚱함이 미니언들을 사랑하지 않을 수 없게 만드는 것 같아요. 집에 있는 재료들로 〈미니언즈〉의 귀여운 악동들 밥, 케빈, 스튜어트를 만들어볼까요?

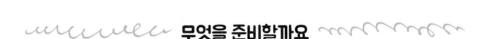

무엇을 준비할까요

- 휴지심
- 팔레트 또는 일회용 접시
- 젯소
- 연필
- 데님 천

- 입구가 둥근 컵
- 붓
- 가위
- 검은색 털실
- 단추

- 아크릴 물감 또는 어린이 수성 물감
- 스펀지붓
- 공작풀
- 인형 눈 또는 무빙아이
- 검은색 유성 사인펜

몸통 만들기

1 휴지심을 세 종류의 길이로 잘라주세요.

2 휴지심을 납작하게 접은 상태에서 위쪽에 컵을 대고 반원을 그립니다.

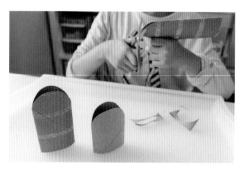

3 가위로 선을 따라 자릅니다.

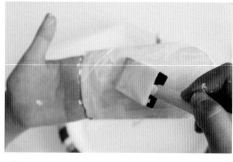

4 휴지심들을 젯소나 흰색 물감으로 칠해주세요. 시간이 없다면 이 단계를 생략하고 곧바로 색을 칠해도 됩니다.

5 노란색에 흰색을 조금 섞어 미니언을 칠할 색을 만듭니다.

6 휴지심에 바른 젯소가 다 마르면 앞서 만든 노란색 물감으로 칠하고 말립니다.

108

고글과 눈 만들기

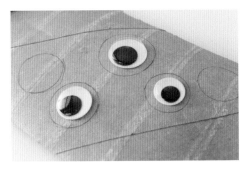

1 남은 휴지심을 반으로 잘라서 펼친 다음 인형 눈보다 약간 큰 동그라미를 여섯 개 그립니다.

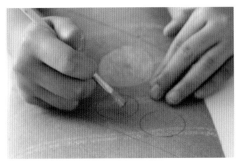

2 동그라미들을 은색으로 칠합니다.

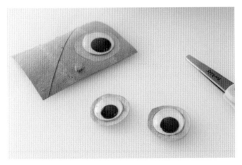

3 물감이 마르면 그 위에 눈을 붙인 후 잘라주세요.

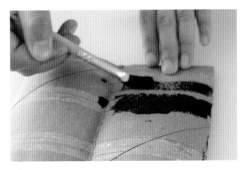

4 남은 휴지심에 검은색 물감을 옆으로 길게 칠하고 물감이 마르면 자릅니다. 고글 끈을 만드는 거예요.

5 휴지심 위에 고글 끈을 붙이고 그 위에 앞서 만든 눈을 붙입니다.

6 고글과 눈이 완성되었어요. 이제 옷을 입혀야겠죠?

옷과 세부 표현

1 데님 천에 미니언을 대고 옷 크기를 표시합니다.

2 미니언이 입을 옷을 그려요.

3 옷을 잘라서 붙입니다. 남은 천을 잘라 멜빵 끈과 주머니도 만듭니다.

4 멜빵 끈을 붙이고, 주머니도 달고, 단추도 붙입니다.

5 검은색 유성 사인펜으로 입을 그려요.

6 검은색 털실로 케빈과 스튜어트의 머리카락을 만들어 휴지심 사이로 넣은 후 휴지심 윗부분 안쪽에 풀을 발라 붙입니다.

TIP • 어린아이들은 물감이 마르는 동안 기다리는 것을 지루
해할 수 있어요. 그동안 책을 읽거나 다른 활동을 하게
해주세요. 헤어드라이어로 말리면 건조 시간을 단축할
수 있습니다.

• 며칠에 걸쳐서 천천히 완성해도 됩니다.

7 휴지심 미니언들 완성!

함께 놀아요

★ 여럿이 함께 아이디어를 모아 다양한 미니언들을 만들어요.

★ 휴지심과 같은 재활용 재료로 또 무엇을 만들면 좋을지 이야기를 나눕니다.

★ 완성된 작품을 감상하며 휴지심으로 미니언들을 만들면서 재미있었던 점을 이야기합니다.

★ 만든 인형을 손에 끼고 함께 인형놀이를 합니다.

> 영화 속
> 캐릭터를 관찰하고
> 그것을 입체적으로
> 표현하면서 조형 감각이
> 발달합니다.

수채화 무지개

수채화 물감으로 표현해요

| ⏱ 45분 | 😊 5세+ |

제가 사는 곳은 비가 잘 내리지 않아요. 그래서 어쩌다 비가 오면 아이들은 신이 나 밖으로 나가고 싶어 하죠. 비가 내린 후 구름이 채 가시지 않은 하늘에 햇살이 비추면서 무지개가 곱게 펼쳐지기라도 하면 지나가던 어른들도 발길을 멈추지요.

하루는 주은이와 커다랗고 선명한 무지개를 보았어요. 그 경험이 꽤 강렬했던지 무지개를 생각하면 그 날의 무지개가 떠올라요. 그 기억을 오래오래 간직하고 싶어, 자연이 허락하는 경이로운 순간이자 아이들이 참 좋아하는 무지개를 수채화로 표현해보았어요.

무엇을 준비할까요

- 수채화 물감(튜브형)
- 물통
- 마스킹 테이프
- 오목한 팔레트 또는 얼음틀
- 수채화지
- 연필
- 붓
- 헌 수건

1 테이블에 도화지를 세로로 놓고 마스킹 테이프로 고정합니다.

2 오목한 팔레트나 얼음틀에 빨강, 노랑, 파랑 물감을 짜넣고 물을 넣어 잘 섞어주세요.

3 주황(빨강+노랑), 초록(노랑+파랑), 보라(파랑+빨강)는 물감을 두 종류씩 섞어 만들어요. 각각의 물감은 아이 약지 손톱 정도씩만 짜서 섞어주세요.

4 남색은 파란색에 보라색을 약간 섞어 만듭니다. 이렇게 일곱 가지 무지개 색이 준비됐습니다.

5 무지개 색 순서로 도화지 아래쪽에 동그랗게 칠해요. 색이 바뀔 때마다 붓을 씻고 헌 수건에 톡톡 두드려 물기를 뺀 후 새로운 색을 칠해주세요.

6 물감이 마르면 그 위쪽에 연필로 무지개를 그립니다.

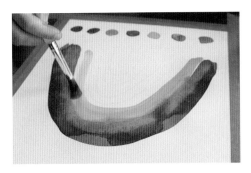

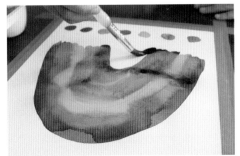

7 드디어 무지개를 칠할 차례예요. 빨간색부터 무지개를 색칠해주세요.

8 채색 중에 물감이 서로 섞여서 번지더라도 걱정 마세요. 수채화는 그런 점이 매력이니까요.

TIP • 아이에게 붓 닦는 법을 알려줄 때 머리 감는 것에 비유해 설명하면 흥미로워합니다.
• 물감에 물을 많이 섞으면 색이 흐려지고 물을 적게 섞으면 색이 짙어집니다. 물을 한꺼번에 많이 섞지 말고 조금씩 섞으면서 농도를 맞추세요.

함께 놀아요

★ 미술놀이를 하기 전에 무지개와 관련된 노래를 함께 부르거나 책을 같이 보면서 오늘 할 활동에 대해 흥미와 관심을 유도합니다.
★ 놀이가 끝나면 붓을 깨끗이 닦는 법과 미술도구를 소중히 다루는 법을 알려주세요.
★ 완성한 작품을 함께 감상하며 무지개 색이 잘 표현되었는지 살펴보고 무지개 색을 만들면서 재미있었던 점, 어려웠던 점을 얘기 나눕니다.

무지개 색을 만들면서 색 배합과 색의 원리를 이해할 수 있습니다.

버블랩 그림

올록볼록 버블랩에 그리는 그림

| ⏱ 30분 | 😊 5세+ |

집에 택배상자가 도착하면 주은이는 상자 안에 버블랩이 들어 있는지를 먼저 확인해요. 버블랩을 눌러서 톡톡 터뜨리는 걸 참 좋아하거든요.

물건을 포장하거나 겨울철 방한용으로 유용하게 쓰이는 버블랩은 아이들 미술놀이에도 참 좋은 재료예요. 버블랩의 올록볼록한 모양은 손으로 만졌을 때도 신기하지만, 물감을 묻혀 찍으면 점으로 그린 그림처럼 재미있는 패턴이 만들어지거든요. 아마 아이들이 일상에서 새로운 질감을 경험할 수 있는 가장 흔한 재료일 거예요.

집에 버블랩이 있다면 미술놀이에 활용해보세요. 아이들에게 새롭고도 즐거운 경험이 된답니다.

무엇을 준비할까요

- 버블랩
- 마스킹 테이프
- 팔레트
- 도화지 또는 수채화지
- 붓
- 물통
- 어린이 수성 물감 또는 아크릴 물감
- 스펀지붓

■ 버블랩은 도화지와 같은 크기로 잘라 준비하세요.

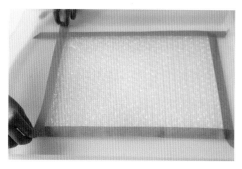

1 아이와 함께 어떤 그림을 그릴지 충분히 이야기를 나눈 후 버블랩을 쟁반에 올려놓고 마스킹 테이프로 고정합니다.

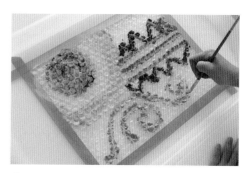

2 원하는 색상의 물감으로 버블랩에 그림을 그립니다. 버블랩을 그림으로 가득 채우지 않아도 괜찮으니 아이가 그리고 싶은 만큼 그리도록 해주세요.

3 다 그렸으면 버블랩 위에 도화지를 덮고 그림이 잘 찍히도록 골고루 눌러주세요.

4 도화지의 한쪽 귀퉁이를 잡고 천천히 떼어냅니다.

5 그림은 이렇게 좌우가 바뀌어서 찍힙니다. 한 번 더 찍어볼까요?

6 버블랩 그림을 다시 채색합니다. 이번에는 빈 곳 없이 다 칠해요.

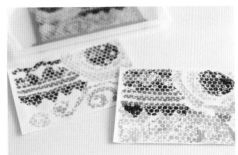

7 3과 같이 도화지로 버블랩을 덮고 꾹 눌렀다가 천천히 떼어주세요.

8 다른 듯 서로 닮은 버블랩 그림 두 장이 완성되었어요. 아이가 어떤 것을 더 마음에 들어하나요?

TIP • 처음부터 버블랩을 바탕까지 색칠해서 찍을 수도 있지만 그러면 아이가 지겨워할 수 있어요. 바탕색을 칠한 것과 칠하지 않은 것으로 나눠 찍어 두 가지 그림을 비교하면 아이가 덜 지루해하고 과정을 자연스럽게 이해하게 되어 흥미가 좀 더 높아집니다.
• 아이가 놀이를 더 하고 싶어하면 다른 그림을 그려서 또 찍어주세요. 채색된 버블랩은 물티슈로 닦아내거나 물에 씻어서 물기를 제거한 후 다시 사용하면 됩니다.

~~~~~~~~~~ **함께 놀아요** ~~~~~~~~~~

★ 버블랩은 아이들의 촉감 경험에 좋은 재료입니다. 아이들에게 버블랩을 만져보게 한 뒤 들어간 곳과 볼록 튀어나온 곳의 차이를 이야기 나누세요.
★ 5세 이하의 아이들은 버블랩에 물감을 묻혀 종이에 찍는 활동으로 대체할 수 있습니다. 이 활동이 익숙해지면 버블랩에 그림 그리기를 시도해봅니다.
★ 완성한 작품을 함께 감상하면서 다른 사람들이 사용한 색과 형태를 살펴보고 느낀 점을 나눕니다.

판화가 만들어지는 과정을 이해하고, 꾹 눌러 찍는 과정에서 손힘이 길러지고 눈과 손의 협응력이 발달합니다.

시트지 하트 카드

시트지를 떼어내면 예쁜 하트가 쏘옥

| ⏱ 30분 | ☺ 5세+ |

아이가 어릴 때부터 시작된 카드 만들기. 주은이는 카드를 만들어서 주변 사람들에게 주는 것을 무척 좋아해요. 특별한 날은 물론이고 평소에도 메모지처럼 작은 카드들을 만들어서 가족과 친구들에게 주곤 하지요.

수채화의 마스킹 기법을 미술놀이에 잘 응용하면 멋진 효과를 볼 수 있어요. 쓰다 남은 시트지나 아이들이 갖고 놀던 스티커 등 집에 있는 재료를 활용할 수 있다는 장점도 있고요. 수채화 물감이 만들어낸 자연스러운 질감과 시트지로 만든 예쁜 하트들이 돋보이는 시트지 하트 카드. 사랑하는 사람들에게 마음을 전하고 싶거나 축하할 일이 있을 때 아이와 함께 만들어보세요.

무엇을 준비할까요

• 수채화 물감(팔레트형)	• 수채화지	• 시트지
• 붓	• 연필	• 물통
• 마스킹 테이프	• 가위	• 방수 천 또는 쟁반

■ 아이가 수채화 물감 사용에 익숙해졌다면 팔레트에 수채화 물감을 짜서 굳히거나 고체형 수채화 물감을 사용해보세요.

■ 수채화지는 카드 모양으로 미리 잘라두면 편해요.

1 시트지 뒷면에 연필이나 펜으로 다양한 크기의 하트를 그립니다.

2 가위로 하트를 오려주세요.

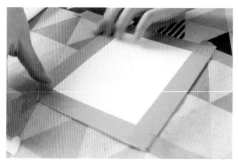

3 수채화지의 네 면에 마스킹 테이프를 붙여 테이블이나 쟁반에 고정합니다.

4 하트 모양으로 자른 시트지는 뒷면의 종이를 떼어내고 수채화지에 붙입니다. 들뜨지 않고 잘 붙도록 꾹 눌러줍니다.

5 수채화 물감으로 색을 칠합니다. 붓에 물을 넉넉히 묻히고 물감과 섞어 물감의 양을 충분히 만든 뒤에 칠합니다.

6 물감이 완전히 마르면 마스킹 테이프와 하트 모양 시트지를 떼어냅니다.

7 시트지가 잘 안 떨어지면 물감용 나이프와 같이 끝이 뾰족한 도구로 가장자리를 살짝 들어올린 뒤 천천히 떼어냅니다.

8 시트지가 붙어 있던 자리에 물감이 묻지 않아 예쁜 하트 모양이 생겼어요.

TIP • 어린아이들은 시트지 대신 다양한 모양의 스티커를 사용해도 좋아요.

함께 놀아요

★ 아이들의 생일 파티나 모임 때 친구들과 함께 해도 좋습니다.
★ 시트지로 하트 외에 다양한 모양을 만들어 그림을 구성해봅니다.

원하는 형태를 그리고 오리면서 소근육이 정교하게 발달합니다.

오! 문어 아저씨

소금과 풀과 물감이 만나면

| ⏱ 45분 | ☺ 5세+ |

124

아이와 미술놀이를 하다 보면 제가 얼마나 선입견이 많은 '어른'인지를 깨달아요. 어느 무더운 여름날, 아이와 함께 바닷속 생물들을 그리면서 당연히 차가운 색으로 채색할 것이라고 생각했던 저는 아이가 그린 이 따뜻한 색의 문어를 보고 깜짝 놀랐답니다. 노랑과 주황, 갈색과 문어가 이렇게 잘 어울릴 줄 몰랐거든요.

수채화 물감의 잘 퍼지는 속성을 이용하면 아이들에게 재미있는 경험을 선사할 수 있어요. 풀로 그림을 그리거나 글씨를 쓰고 그 위에 소금을 뿌려 소금결정을 만든 후 그 위로 수채화 물감이 번지는 것을 보는 것은 정말 신나는 일입니다.

무엇을 준비할까요

- 캔버스
- 스포이트
- 붓
- 공작풀
- 고운 소금
- 오목한 팔레트 또는 얼음틀
- 쟁반
- 수채화 물감
- 연필
- 마커 또는 가는 붓

■ 집에 캔버스가 없으면 도화지나 마분지를 사용해도 좋아요.

■ 스포이트가 없을 땐 작은 물약병에 물감을 담아 쓰세요.

■ 물감은 미리 팔레트에 덜고 물을 섞어 쓰기 편하게 농도를 맞춰놓으세요.

1 캔버스에 연필로 원하는 그림을 그립니다. 가급적 단순하고 선이 드러나게 그립니다. 주은이는 콧수염이 있는 문어를 그렸어요.

2 풀로 연필 선을 따라 그려줍니다.

3 캔버스를 쟁반에 놓고 풀 위에 소금을 골고루 뿌려주세요.

4 선이 소금에 완전히 덮이면 캔버스를 세워 소금을 가볍게 털어줍니다.

5 스포이트나 붓으로 물감을 소금 선 위에 살짝 떨어뜨리면 소금 선을 따라 물감이 싹 퍼집니다.

6 다른 색을 연결해서 물감을 떨어뜨려보세요. 물감과 물감이 만나는 부분에서 색이 자연스럽게 섞이는 것을 볼 수 있습니다.

126

7 채색을 마친 후 붓이나 마커로 입을 그려줍니다.

8 소금문어 아저씨가 완성되었습니다.

TIP • 문어 외에 다양한 동물과 디자인으로 멋진 아트 캔버스를 만들어보세요.

함께 놀아요

★ 아이가 미술놀이에 흥미가 없거나 그림을 그리는 것을 어려워한다면 그림 대신 자신의 이름을 쓰게 하세요. 이름을 쓰는 일은 아이들의 관심을 끄는 데 좋은 활동입니다.

★ 풀로 그림을 그리고 소금을 뿌렸을 때의 경험이 어떠했는지 소감을 나눕니다.

★ 완성된 그림을 함께 감상하며 형제나 친구들이 사용한 디자인과 색감에 대해 느낀 점을 나눕니다.

소금이 물감을 흡수하는 것을 보면서 물질의 성질을 탐구할 수 있고, 원하는 곳에 색을 입히는 과정을 통해 집중력이 높아집니다.

알록달록 꽃다발

달걀판 미술놀이의 시작

| ⏱ 30분 | 😊 4세+ |

주은이가 네 살 때 종이 달걀판으로 만든 꽃이에요. 이 꽃 덕분에 달걀 판으로 미술놀이를 할 수 있다는 것을 알게 되었고, 그 후로 달걀판을 이용한 만들기를 많이 해왔지요.

종이 달걀판은 구하기도 쉽고 종이 반죽으로 되어 있어 물감이 잘 칠해지는 재료 예요. 종이 달걀판으로 꽃다발 만들기를 함께 해보면서 아이와 즐거운 시간도 갖고 재활용 미술놀이의 매력에도 흠뻑 빠져보세요. 주은이는 달걀판 꽃을 진짜 꽃인 양 냄새를 맡고 식구들에게 한 송이씩 나눠주고 꽃병에 꽂았다 뺐다 하며 소꿉놀이를 하면서 한동안 잘 가지고 놀았답니다.

무엇을 준비할까요

- 종이 달걀판
- 가위
- 빈 병
- 어린이 수성 물감 또는 아크릴 물감
- 모루
- 팔레트
- 붓
- 뾰족한 도구

1 달걀판을 꽃송이 모양으로 자릅니다.

2 어떤 색을 칠할지 생각해보고 물감을 준비합니다.

3 물감으로 달걀판을 골고루 칠해주세요.

4 채색한 꽃송이들을 한쪽에서 완전히 말립니다.

5 다양한 색의 모루를 준비합니다.

6 서로 다른 색의 모루를 사진과 같이 꼬아줍니다.

7 뾰족한 도구로 꽃송이 한가운데에 구멍을 뚫고 모루를 그 구멍으로 쏙 집어넣어요.

8 모루가 빠지지 않도록 끝부분을 매듭짓습니다.

TIP • 완성된 꽃으로 아이와 함께 놀아주세요.

함께 놀아요

★ 미술놀이를 시작하기 전에 꽃 그림이나 사진 등을 보여주고 꽃의 형태를 관찰할 수 있도록 해주세요.

★ 달걀판 꽃이 완성되면 꽃병에 꽂아 함께 감상하세요.

★ 완성된 꽃으로 무엇을 하고 싶은지 이야기를 나눕니다.

다양한 질감의 재료를 다루면서 촉감 경험이 넓어져요. 놀이와 병행할 수 있어 미술에 대한 흥미와 만족도가 높아집니다.

아빠 해마 콜라주

물감으로 바닷속 느낌을 표현해요

| ⏱ 45분 | 👶 5세+ |

그림책 작가 에릭 칼의 《아빠 해마 이야기》는 알이 부화할 때까지 자신의 몸에 알을 품고 돌보는 아빠 물고기들에 대한 이야기예요. 아빠의 육아 이야기는 엄마들에게 참 흥미로운 내용인데, 아이들도 이 이야기를 무척 재미있어 한답니다. 아빠가 자기를 어떻게 돌보는지 얘기도 하게 되구요.

에릭 칼의 책은 내용도 유익하지만 미술 기법 면에서 미술놀이에 활용하기가 참 좋답니다. 채색한 종이를 오려서 붙이는 그의 그림책 기법을 수채화 물감을 이용해서 아이들과 함께 따라해봤어요.

무엇을 준비할까요

- 그림책 《아빠 해마 이야기》
- 수채화 물감
- 가위
- 해마 도안
- 붓
- 유성 사인펜
- 수채화지
- 풀
- 스티커, 스팽글 등 꾸미기 재료

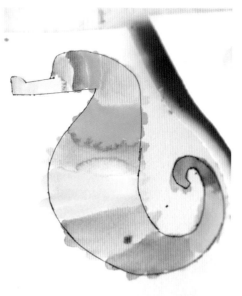

1 수채화지에 붓으로 물결 무늬를 그리고 붓에 물감을 충분히 묻혀 흩뿌립니다. 다양한 색의 물감으로 흩뿌린 뒤에 한곳에 두고 말립니다.

2 다른 수채화지에 해마를 그립니다. 아이가 직접 그리거나 해마 도안을 대고 따라 그린 뒤에 여러 가지 색으로 칠해요.

3 채색한 해마가 마르면 가위로 외곽선을 따라 잘라서 1의 바탕 종이에 붙여주세요.

4 유성 사인펜으로 해마의 눈을 그리고 장식 재료로 몸을 꾸며줍니다.

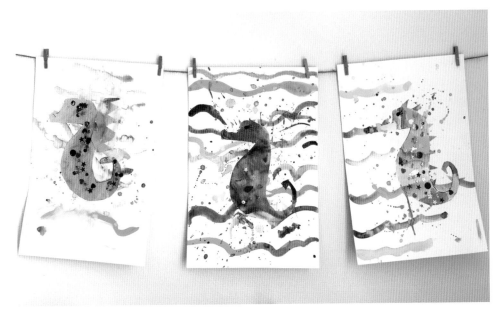

5 아빠 해마가 완성되었습니다. 완성된 작품은 한쪽 벽에 걸어놓거나 액자에 넣어 전시해주세요.

함께 놀아요

★ 미술 기법의 하나인 콜라주를 응용한 미술놀이입니다. 콜라주는 한 화면에 여러 가지 다른 질감의 재료들을 붙여
서 그림을 구성하는 기법이에요.

★ 《아빠 해마 이야기》를 읽으며 바다생물의 습성을 배우고 해마의 형태를 인식합니다.

★ 물감으로 칠하기와 다양한 재료로 꾸미기
중 어떤 것이 더 재미있는지 이야기해봅니다.

★ 완성된 그림을 함께 감상하면서 해마와 바닷속
느낌이 잘 표현되었는지 이야기합니다.

바탕과 대상을
구분해서 채색하는 것이
어려운 어린 아이들에게
좋은 활동입니다.

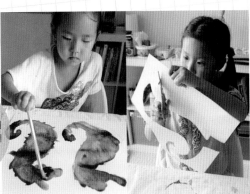

PART 3 가을

계절의 변화가 뚜렷하지 않은 곳에서 살다 보니 종종
사계절을 뚜렷이 느낄 수 있었던 한국에서의 시간이 그립습니다.
봄이면 길가에 피어나는 꽃들을 보며 마음이 들떴고, 가을이면 왠지
허전해져서 낙엽이 지는 거리를 걸었죠. 주은이는 미국에서 태어나 한국의
가을 정취는 잘 모르지만 우리만의 가을을 즐기기 위해서 했던 가을 미술놀이.
가을을 상징하는 다양한 소재와 미술 재료들로 이루어낸 미술놀이들을 소개합니다.

감자도장 가을 과일

맛있는 감자로 재밌는 도장놀이를

| ⏱ 45분 | 😊 5세+ |

가을이 되면 사과가 흔해져서 아이와 함께 사과를 반으로 잘라 단면을 찍는 놀이를 하곤 했는데요. 하루는 사과 대신 감자를 사과 모양으로 찍어봤어요. 마침 집에 있는 감자가 막 싹이 나려고 했거든요. 감자는 여러 모양으로 자르기도 수월하고, 반으로 잘라 단면을 찍으면 그 모양이 자연스러워 아이들의 상상력을 자극합니다. 아이는 식탁에 오르는 식재료도 미술놀이의 훌륭한 재료가 될 수 있다는 사실에 참으로 신나 했어요. 감자에 싹이 나려고 할 때 물감을 꺼내서 아이와 함께 감자도장 미술놀이를 해보세요.

무엇을 준비할까요

- 감자
- 어린이 수성 물감 또는 아크릴 물감
- 팔레트
- 과도 또는 어린이용 안전 칼
- 도화지
- 딱풀 또는 양면 테이프
- 유성 사인펜
- 가위

■ 어린이용 칼이 없을 경우 엄마가 대신 잘라주세요.

1 감자를 가로로 자릅니다.

2 감자를 다시 세로로 2/3 정도 잘라서 사과 반쪽의 단면과 비슷한 모양으로 만듭니다.

3 감자의 단면에 물감을 묻혀 종이에 찍은 뒤에 감자를 반대 방향으로 돌려서 찍으면 사과 모양이 만들어져요.

4 여러 가지 색으로 찍어 빨간 사과, 초록 사과, 황토색 배 등을 표현합니다.

5 물감이 마르면 유성 사인펜으로 사과의 꼭지를 그립니다. 사과를 관찰하면서 그리면 더 좋아요.

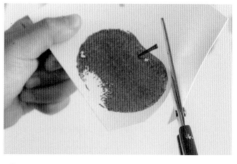

6 꼭지를 완성하면 가장자리에 약간의 여분을 두고 가위로 잘라주세요.

7 자른 과일들을 다른 종이에 붙일 건데요. 어떻게 배열하면 가장 좋을지 아이와 함께 궁리해봅니다.

8 다양한 구성으로 종이에 붙인 뒤 액자에 넣어주세요.

~~~~~~~~~~~~~~~ **함께 놀아요** ~~~~~~~~~~~~~~~

★ 아이가 더 하고 싶어 하면 다른 과일도 감자로 찍어보세요.
감자를 한 번만 잘라 그대로 단면을 찍어서 감, 귤 등을
표현할 수도 있습니다.

★ 감자도장으로 표현할 수 있는 것이 무엇이
더 있을지 생각하고 이야기해봅니다.

> 과일 그림을
> 여러 가지 방법으로
> 배열해보면서 구성
> 감각이 자랍니다.

풀로 그린 그림

물감으로 칠하는 색칠 공부

| ⏱ 30분+ | 😊 5세+ |

아이가 어릴 때 한 번씩은 접하게 되는 색칠공부 책. 요즘은 아이뿐만 아니라 어른들을 위한 컬러링 책도 참으로 다양하게 나와 있는데요. 정해진 면을 여러 가지 색으로 칠하다 보면 어느새 마음이 편해지죠.

문득 '색연필이 아닌 물감으로 칠하는 컬러링 책이 있다면 어떨까?' 하는 생각이 들었어요. 주은이는 색연필로 칠하는 것보다 물감으로 채색하는 것을 좋아하거든요. 그렇게 시작된 물감으로 칠하는 색칠 공부 미술놀이. 함께 이야기 나누며 풀이 만들어낸 공간을 색칠해보세요. 그리는 동안은 색을 골라 칸칸이 채색하는 재미를, 다 그린 뒤에는 완성의 뿌듯함을 느끼게 될 거예요.

무엇을 준비할까요

- 수채화지 또는 캔버스
- 붓
- 공작풀
- 팔레트
- 수채화 물감 또는 어린이 수성 물감
- 물통

1 종이에 풀로 밑그림을 그립니다. 구체적인 형태를 그려도 좋고 손이 가는 대로 자유롭게 그려도 좋습니다. 가능하면 선이 끊기지 않도록 해주세요.

2 밑그림을 다 그리면 풀을 말립니다. 완전히 마르는 데 하루 정도 걸려요. 시간이 있을 때 여러 장 만들어 놓으면 나중에 곧바로 사용할 수 있어요.

3 풀이 마르면 물감과 붓을 준비하고 색을 칠합니다.

4 물감을 칠하면서 여러 가지 형태가 나타나기 시작합니다. 어떤 모양이 연상되는지 함께 얘기해보세요.

5 "이번에는 어디를 칠할까? 무슨 색으로 칠하지?"와 같이 이야기를 나누며 공간을 채워갑니다. 좁은 공간은 가늘고 얇은 붓으로 칠해주세요.

6 같은 방법으로 캔버스에도 그려보세요.

7 완성된 작품은 액자에 넣어서 벽에 걸거나 선반 위에 전시합니다.

TIP • 하루에 다 끝낼 필요는 없으니 아이가 즐기는 만큼씩 여러 번에 걸쳐 채색해도 좋아요.

 **함께 놀아요**

★ 풀로 밑그림을 그리는 것이 연필이나 크레파스를 사용해 그리는 것과 어떻게 다른지 이야기해보세요.
★ 내가 그린 그림에 제목을 붙이고 서로의 그림을 함께 감상합니다.
★ 다른 사람이 선택한 색과 내가 선택한 색이 어떻게 다른지 이야기를 나눕니다.

풀이 만들어낸
공간을 한 칸씩 그리는
재미가 있으며, 다양한
패턴과 색상을 실험해
볼 수 있습니다.

해바라기 꽃병

아이의 눈높이로 재탄생한 명화

| ⏱ 60분 | 😊 6세+ |

미술놀이의 소재는 주로 아이의 관심사와 생활에서 찾게 되지만 그림책이나 명화에서 아이디어를 얻을 때도 많아요. 아이들의 미술 감각을 높이기 위해선 양질의 그림을 많이 접하게 해주는 것이 참 중요하지요.

'해바라기 꽃병'은 고흐의 〈해바라기〉를 함께 감상한 후 아이들의 재해석으로 탄생한 미술놀이예요. 아직 붓을 쓰는 것도 화면을 구성하는 것도 서툰 아이들이 쉽게 그림 한 점을 완성할 수 있도록 질감이 있는 물건으로 도장을 찍어서 해바라기를 표현했어요.

무엇을 준비할까요

- 고흐의 〈해바라기〉
- 붓
- 팔레트
- 풀
- 도화지
- 스펀지붓
- 물통
- 어린이 수성 물감 또는 아크릴 물감
- 스티로폼 접시 또는 스펀지
- 가위

■ 고흐의 작품 〈해바라기〉는 도서관에서 화집을 빌리거나 인터넷에서 검색하면 쉽게 찾을 수 있습니다.

■ 식품 포장용으로 쓰이는 스티로폼 접시를 깨끗하게 씻어서 보관해두면 물감 팔레트로도 쓸 수 있고, 울퉁불퉁한 질감이 있는 것은 도장으로도 활용할 수 있습니다.

1 꽃병이 놓일 바닥과 배경색을 골라 도화지에 고르게 칠한 뒤 말립니다.

2 배경색이 마르는 동안 다른 종이에 꽃병을 그리고 색칠합니다.

3 물감이 다 마르면 꽃병을 잘라서 1에 풀로 붙입니다.

4 스티로폼 접시나 스펀지를 꽃술과 꽃잎 모양으로 자른 후 붓이나 스펀지붓으로 물감을 묻힙니다.

5 꽃이 놓일 위치를 생각하면서 꽃술을 찍습니다.

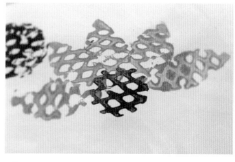

6 꽃술 주변에 꽃잎을 찍어줍니다.

7 줄기와 잎을 물감으로 그려서 마무리한 후 한쪽 벽에 걸어 전시해주세요.

함께 놀아요

★ 반 고흐는 해바라기를 사랑해서 집중적으로 그렸습니다. 집 안을 해바라기 그림으로 장식하고 친구가 묵을 손님방에 해바라기 그림을 걸어놓기도 했지요. 그의 해바라기 그림에는 유난히 노란색이 많이 쓰였는데요. 반 고흐는 노란색을 행복과 우정을 상징하는 의미로 사용했다고 합니다.

★ 아이들과 함께 고흐의 〈해바라기〉를 보면서 그림 속의 색상이 주는 느낌과 질감에 대해서 이야기해보세요.

명작을 감상하고 아이들의 눈높이로 새롭게 해석하는 과정을 통해 미적 안목과 창의력이 자랍니다.

네 마음을 그려봐

그림으로 표현하는 여러 가지 감정

| ⏱ 45분 | 👶 6세+ |

아이가 커가면서 예전만큼 마음을 나누기가 쉽지 않은 것 같아요. 조금씩 자신만의 세계가 커져간다는 의미겠지만 엄마인 저는 아이가 어떤 생각을 하는지, 어떤 감정을 느끼는지 종종 궁금하지요. 그럴 때면 아이가 그린 그림을 살펴보게 돼요. 특히 선 중심의 드로잉은 아이의 마음을 엿볼 수 있는 좋은 창이거든요.

아이와 함께 영화 〈인사이드 아웃〉을 보고 난 후 아이 마음속의 감정들을 스크래치 페이퍼에 담아보기로 했어요. 뾰족한 도구로 긁으면 검정색이 벗겨지면서 알록달록한 색들이 드러나듯 아이의 마음속에 숨겨진 여러 가지 감정들이 어떤 그림으로 나타날지 궁금해집니다.

무엇을 준비할까요

- 스크래치 페이퍼
- 캔버스
- 가위
- 프린터
- 스크래치 페이퍼용 펜 또는 뾰족한 도구
- A4지
- 카메라
- 공작풀
- 컴퓨터

- ■ 어릴 때는 양손이 새까매지도록 검정 크레파스를 칠해 스크래치 페이퍼를 만들었는데, 요즘은 제품으로 나와 문구점이나 인터넷 오픈마켓 등에서 쉽게 구입할 수 있어요. 물론 직접 만드는 것처럼 원하는 색으로 구성할 수는 없지만 손쉽게 스크래치 기법으로 그림을 그릴 수 있다는 장점이 있지요.

- ■ 캔버스는 아크릴화나 유화를 그릴 때 쓰지만 아이들 미술놀이에도 활용할 수 있는 좋은 재료예요. 대형 화방이나 인터넷 오픈마켓 등에서 구입할 수 있어요.

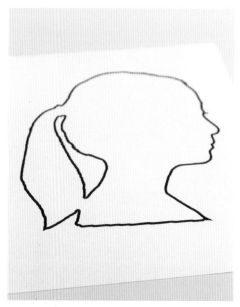

1 아이의 옆얼굴을 카메라로 찍은 후 그 사진을 그대로 프린트하거나 포토샵에서 외곽선만 선택해 인쇄한 후 가위로 오려 도안을 만듭니다.

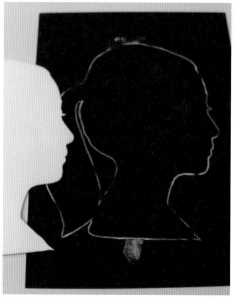

2 스크래치 페이퍼에 아이 옆얼굴 도안을 대고 외곽선을 따라 그립니다.

3 스크래치 페이퍼에 그려놓은 아이의 옆얼굴 안에 여러 가지 감정들을 그려 넣어요.

4 기억이 담긴 구슬들도 그리고, 아이가 그리고 싶어하는 문양도 그려요.

5 그림이 완성되면 외곽선을 따라 가위로 잘라주세요.

6 자른 그림을 캔버스에 붙입니다. 남은 스크래치 페이퍼로 목 부분을 좀 더 연장해줘도 좋아요.

TIP
- 스크래치 페이퍼는 만지면 계속 긁히므로 완성 후 정착액을 뿌려주면 좋은 상태로 오래 보관할 수 있어요.
- 캔버스가 없다면 도화지에 붙인 후 액자에 넣어 전시해주세요.

함께 놀아요

★ 영화 〈인사이드 아웃〉을 보고 어떤 감정이 가장 마음에 들었는지 이야기를 나눕니다.
영화를 보지 않았다면 평소 느끼는 감정들인 기쁨, 슬픔, 화남, 무서움 등에 대해
이야기를 나누어도 좋습니다.

★ 선으로 표현된 그림에는 아이들의
개성과 상상력이 드러납니다.
자유롭게 그릴 수 있도록 도와주세요.

★ 내가 그린 그림과 형제나 친구가
그린 그림을 함께 감상하며 다른 점과
비슷한 점을 이야기 나눕니다.

> 아이가 자신의 내면을 그림으로 표현하면서 정서가 안정되는 효과가 있습니다.

로봇 도장 놀이

재활용 재료로 신나게 찍어요

| ⏱ 30분 | ☺ 5세+ |

아이들은 로봇을 친근하게 생각하는 것 같아요. 어른과는 달리 로봇을 자신과 같은 사람처럼 생각할 때도 있어요. 때론 내가 못 하는 어려운 일도 척척 해결해주고, 내가 힘들 때 같이 있어주는 친구 같은 존재 말이에요.

로봇은 기하학적인 형태로 이뤄져 있어 아이들이 형태를 인식하는 데 좋은 미술 놀이 소재입니다. 집 안의 재활용 재료들을 모아 물감에 묻혀 찍어서 만드는 로봇 그림. 아이들이 얼마나 다양한 로봇을 만들어내는지 그 엉뚱함에 웃음 짓게 될 거예요.

무엇을 준비할까요

• 검은색 종이
• 팔레트

• 원과 직선 등을 찍을 수 있는 재료(병뚜껑, 상자 종이 등)
• 아크릴 물감 또는 어린이 수성 물감(흰색 또는 은색, 금색)

1 상자 종이를 다양한 크기로 자르고, 동그라미 모양을 찍을 수 있는 병뚜껑 같은 재료들을 모읍니다. 어떤 로봇을 그리고 싶은지도 생각해봅니다.

2 그리고 싶은 로봇이 결정되면 상자 종이의 단면에 물감을 묻혀 검은색 종이에 찍어가며 로봇의 머리를 표현합니다.

3 같은 방법으로 몸도 표현해주세요.

4 팔은 상자 종이의 두꺼운 단면을 찍어서 만들어요. 작은 병뚜껑을 연속으로 찍어서 표현해도 좋아요.

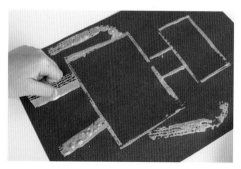

5 같은 방법으로 다리를 표현합니다.

6 로봇 형태가 완성되면 얼굴부터 세부 묘사를 합니다. 주은이는 동그란 뚜껑으로 눈을 찍고 머리 위에 안테나를 표현했습니다.

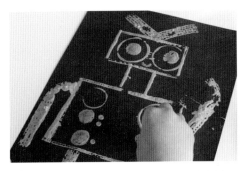

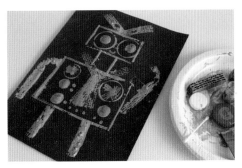

7 '몸통 부분은 어떤 모습일까?' 아이와 이야기하며 몸통을 디자인하고 모양을 찍어나갑니다.

8 로봇이 완성되었습니다. 아이와 함께 다양한 로봇을 만들어보세요.

함께 놀아요

★ 미술놀이를 시작하기 전에 로봇에 관한 책이나 사진 등을 함께 보고 로봇의 형태를 관찰합니다.

★ 완성한 작품을 함께 감상하면서 다른 사람이 사용한 선과 형태에 대해 이야기를 나눕니다.

검은색 종이에
밝은 색 물감으로
그려 색의 대비를
느낄 수 있습니다.

해질녘 풍경화

붉은 노을과 검은 실루엣의 대비

| ⏱ 45분 | 😊 6세+ |

주은이와 집으로 돌아오는 길, 해가 뉘엿뉘엿 지면서 하늘이 붉게 물들고 있었지요. 창밖을 바라보던 주은이가 물었습니다. "엄마, 하늘이 너무 예뻐요. 사진 찍어도 돼요?" 그 날 주은이는 눈에 보이는 아름다운 풍경을 남기고 싶어 사진을 열심히 찍었습니다. 하지만 달리는 차 안에서 찍은 사진은 생각처럼 잘 나오진 않았어요. 우리는 그 날의 노을을 생각하며 그림을 그리기로 했답니다.

눈으로 보고 마음에 담았다 수채화로 다시 탄생한 그 날의 저녁 풍경. 해질녘 하늘과 반짝이는 불빛들, 그리고 붉은 호수에 비친 그림자 속으로 함께 가볼까요?

무엇을 준비할까요

- 수채화 물감
- 붓
- 물통
- 수채화지
- 색연필
- 가위
- 검은색 종이
- 팔레트

1 해질녘 하늘을 표현할 물감을 팔레트에 덜고 물을 섞어 농도를 맞춥니다. 물을 적게 섞으면 선명하고 진한 하늘을, 물을 많이 섞으면 흐리고 부드러운 하늘을 표현할 수 있어요.

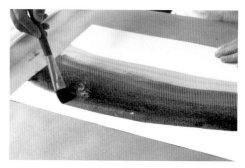

2 밝은 색부터 천천히 하늘을 칠하세요. 이때 물감이 번지며 주변 색과 자연스럽게 섞일 거예요.

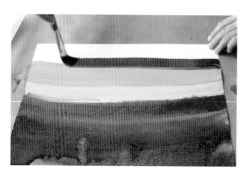

3 하늘을 다 칠한 후에 붉은 석양이 비친 호수도 칠해 주었어요.

4 물감이 마르는 동안 도시의 실루엣을 표현해볼까요? 먼저 검은색 종이를 반으로 접습니다.

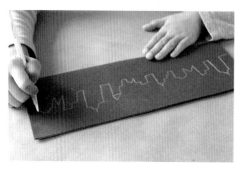

5 접은 종이에 건물이 솟아 있는 도시의 실루엣을 그립니다.

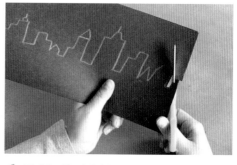

6 종이를 접은 상태에서 가위로 그림의 외곽선을 따라 자릅니다.

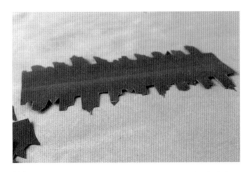

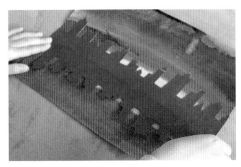

7 접은 종이를 펼치면 이렇게 대칭 그림이 나타나요. 도시 실루엣이 너무 크면 붙일 그림 크기에 맞춰 잘 라주세요.

8 도시 실루엣을 해질녘 하늘을 표현한 종이 위에 놓고 풀로 붙입니다.

9 색연필로 건물의 창문을 그려주세요.

10 해질녘 풍경화가 완성되었습니다.

함께 놀아요

★ 석양에 관련된 책이나 사진, 비디오 등을 함께 보며 해질녘 하늘의 색감에 대해 이야기합니다.

★ 완성한 작품을 함께 감상하며 해질녘 하늘빛이 잘 표현되었는지 살펴보고, 작업을 하면서 재미있었던 점과 어려웠던 점을 나눕니다.

수채화 물감을 자주 쓸수록 물의 농도를 조절하는 법을 익혀갑니다.

풍선으로 나는 집

신나는 풍선 찍기 놀이

| ⏱ 45분 | ☺ 5세+ |

162

아이가 태어난 후로는 가족이 함께 볼 수 있는 애니메이션 영화를 많이 보게 돼요. 어떤 영화는 아이가 너무 좋아해 여러 번 봐서 그에 얽힌 추억도 참 많지요.

영화 〈업UP〉이 그런 영화 중 하나예요. 수많은 풍선이 갑자기 지붕에서 튀어나오더니 집과 함께 하늘로 떠오르는 장면은 볼 때마다 신기하고 해방감까지 느껴지지요. 〈업〉을 보고 아이와 "정말 풍선을 많이 달면 집이 날 수 있을까?", "풍선으로 또 무엇이 날 수 있을까?" 하는 얘기를 나누다 또 하나의 미술놀이가 시작되었어요.

무엇을 준비할까요

- 물풍선
- 작은 그릇들
- 도화지 또는 수채화지
- 어린이 수성 물감 또는 유아용 핑거페인트
- 마커 또는 사인펜

■ 작은 물풍선이 쓰기엔 좋지만 큰 풍선밖에 없다면 바람을 조금만 넣어서 사용하세요.

■ 집에 유아용 핑거페인트가 있다면 풍선 찍기에 사용해보세요.

1 어떤 색의 물감을 사용할지 아이와 이야기를 나눈 뒤에 작은 그릇에 물감을 각각 덜어놓습니다.

2 물풍선을 물감 그릇에 하나씩 넣고 톡톡 두드려 물 풍선 아래쪽에 물감을 고루 묻혀주세요.

3 물감이 묻은 물풍선을 잡고 도장을 찍듯 종이 위에 꾹 찍습니다.

4 여러 개의 풍선이 모여 있는 느낌이 나도록 다양한 색을 겹쳐서 찍은 뒤에 잘 말립니다.

5 물감이 마르는 동안 풍선 아래에 무엇이 매달려 있을지를 상상하며 이야기를 나눕니다.

6 물감이 다 마르면 마커나 색연필로 풍선 아래에 매달린 것을 그립니다.

7 완성한 작품은 한쪽 벽에 집게로 집어 걸어놓거나 액자에 넣어 전시해주세요.

TIP • 풍선에 물감이 너무 많이 묻어 풍선이 종이 위에서 미끄러진다면 다른 종이에 한두 번 찍어 물감 양을 조절한 후 원래 종이에 다시 찍어보세요.
   • '풍선 아래에 무엇이 매달려 있을까'를 생각할 때 자유롭게 상상하도록 격려해주세요.

함께 놀아요

★ 종이에 풍선을 찍을 때 아이들끼리 부딪히지 않도록 작업 공간을 넉넉히 마련해주세요.
★ 풍선을 찍을 때 느낌이 어떠했는지를 서로 이야기합니다.
★ 형제나 친구들의 그림을 함께 감상하며 서로의 아이디어에 대해 느낀 점을 나눕니다.
★ 물감이 겹치면서 느껴지는 색의 변화에 대해 이야기 나누세요.

원하는 위치에 풍선을 찍으면서 소근육에 힘이 생기고 눈과 손의 협응력이 자랍니다.

정물화 그리기

눈으로 관찰하고 손으로 그려요

| ⏱ 60분 | 👶 6세+ |

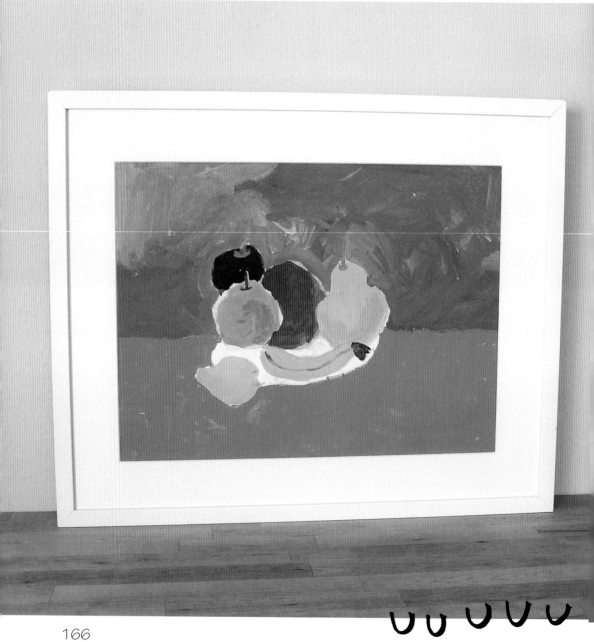

정물화는 움직이지 않는 대상을 그린 그림으로 주로 과일, 꽃, 꽃병, 그릇 등이 소재가 되는데요. 사물을 직접 보고 그리는 경험은 관찰력을 높이는 좋은 기회가 되지요.

아이들은 사물을 있는 그대로 인식하기보다는 자신 안에 상징화된 이미지로 보는 경향이 있어요. 그렇기 때문에 직접 보고 그리는 게 쉬운 작업은 아니지만, 똑같이 완벽하게 그리는 것을 목표로 삼지 않고 아이가 사물을 어떻게 보는지를 알아가는 과정으로 삼는다면 아이들에게 새로운 경험이 될 거예요.

무엇을 준비할까요

- 과일
- 정물대(상자/테이블)
- 붓
- 물통
- 그릇 등 정물
- 어린이 수성 물감 또는 아크릴 물감
- 오일파스텔 또는 크레파스
- 낡은 수건
- 천
- 도화지
- 팔레트

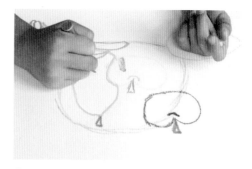

1 그림 그리는 테이블보다 조금 높은 상자나 작은 테
이블을 천으로 덮어 정물대를 준비해주세요. 정물대
위에 그릇, 과일, 꽃병 등을 올려놓습니다.

2 도화지에 오일파스텔 또는 크레파스로 과일을 그립
니다.

3 정물을 다 그리면 정물이 놓인 바닥과 배경을 구분
하는 수평선을 그린 뒤 물감으로 채색합니다.

4 물감으로 바탕을 칠합니다. 이때 아이는 실제 색과
다른 색을 칠할 수도 있어요. 그렇더라도 자유롭게
채색하도록 해주세요.

TIP • 정물대에 어떤 과일이 놓여 있는지, 크기는 어떠한지,
가장 앞에 있는 것과 맨 뒤에 있는 것은 무엇인지, 바닥
에 있는 것과 그릇 위에 있는 것은 무엇인지 등을 함께
이야기하면 관찰하는 데 도움이 됩니다.

• 아이가 물감 쓰는 것을 어려워하면 오일파스텔로 칠해
도 좋습니다.

• 간혹 수평선을 그리기 싫어하는 아이들도 있는데요, 그
럴 경우엔 억지로 시키지는 마세요.

168

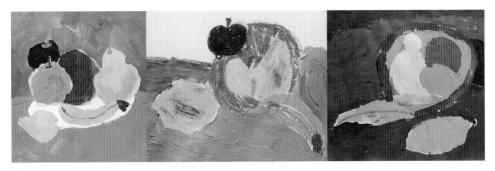

5 완성된 그림을 감상하며 서로의 그림이 어떻게 비슷하고 또 다른지 이야기해보세요.

함께 놀아요

★ 프랑스의 화가 폴 세잔은 사물의 변치 않는 고유한 형태와
색을 표현하기 위해서 수많은 정물화를 그렸습니다.
아이들과 세잔의 정물화를 보고 그림 속 정물의 구도와
색상이 주는 느낌에 대해 이야기해보세요.
★ 주변에서 흔히 볼 수 있는 사물 중에서 그림의
대상이 될 수 있는 것을 함께 골라봅니다.

눈에 보이는 물체의
모양을 관찰하는 좋은
기회로, 기본 형태와
공간을 인식하는 힘이
길러집니다.

휴지심 호박

함께 즐기는 할로윈 미술놀이

| ⏱ 45분 | 👶 5세+ |

동네 공터에 주황색 호박들을 쌓아놓고 팔고 집집마다 하나둘씩 거미줄이며 유령 장식들이 늘어나면 '아, 곧 할로윈이구나' 하는 생각이 들어요. 미국에 처음 왔을 땐 할로윈이 참 낯설게 느껴졌지만 시간이 갈수록 아이와 함께 할로윈을 즐길 방법들을 고민하게 되었지요.

그 방법 중 하나가 할로윈의 상징인 주황색 호박을 휴지심으로 만들어본 것이었어요. 이번 할로윈엔 아이와 함께 미술놀이도 하고 장식도 할 수 있는 휴지심 호박을 만들어보세요.

무엇을 준비할까요

- 휴지심
- 자
- 스테이플러
- 팔레트
- 붓
- 가위
- 모루(검은색, 녹색)
- 일회용 접시
- 아크릴 물감 또는 어린이 수성 물감
- 펀치
- 얇은 리본 또는 두꺼운 실

함께 만들어봐요

1 휴지심을 손으로 꾹 눌러 납작하게 만든 후 연필로 2cm 간격으로 선을 그어주세요.

2 연필 선을 따라 가위질을 합니다. 휴지심 하나로 호박 한 개를 만들 수 있으니 만들고 싶은 호박의 수만큼 휴지심을 잘라주세요.

3 자른 휴지심은 채색한 후 잘 말려줍니다.

4 물감이 다 마르면 휴지심의 한쪽을 가위로 자르고 가운데에 펀치로 구멍을 냅니다. 아이가 펀치 사용을 힘들어하면 엄마가 도와주세요.

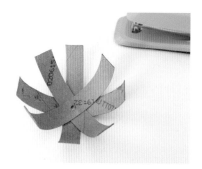

5 자른 휴지심 네 개를 구멍을 맞춰 포개고 가운데를 스테이플러로 고정합니다.

6 반으로 접어서 자른 검은색 모루를 휴지심 아래쪽 구멍에 넣고 스테이플러 심에 걸어서 안쪽으로 빼낸 후 풀리지 않도록 꼬아주세요. 모루의 맨 윗부분은 접어서 호박의 꼭지를 표현합니다.

7 펀치로 휴지심 위쪽에 구멍을 냅니다. 구멍에 실을
넣어 휴지심 조각들을 연결합니다.

8 녹색 모루를 작게 자르고 꼬아서 호박의 줄기를 표
현합니다. 실을 당겨 매듭을 지으면 휴지심 호박이
완성됩니다.

TIP • 완성된 휴지심 호박으로 집 안을 장식해보세요.

 **함께 놀아요**

★ 할로윈과 할로윈 문화에 대해 배웁니다. 미술놀이를 하기 전에
관련 책을 함께 읽어도 좋아요.

★ 휴지심에 물감을 칠할 때 느낌이 어떠했는지
소감을 이야기합니다.

버려질 뻔한
휴지심을 창조적으로
재탄생시키며 다양한
물건을 새로운 눈으로
보는 법을 알게
됩니다.

호박씨 가을 나무

버리는 씨로 모자이크 작품을 만들어요

| ⏱ 45분+ | 😊 5세+ |

할로윈 때마다 아이와 함께 할로윈 호박을 조각해 잭오랜턴^{Jack-O-Lantern}을 만들어왔는데요. 커다란 호박에서 파낸 호박씨들을 그냥 버리기엔 참 아깝다는 생각이 들었어요.

미국인들은 잭오랜턴을 만들고 남은 호박씨를 양념해서 구워 간식으로 만들기도 하는데 저는 이 씨들을 깨끗하게 씻고 말려서 미술놀이에 재활용해봤어요. 집 밖에서 주워온 나뭇가지와 같이 놓아보니 호박씨가 꼭 나뭇잎 같았거든요. 버려질 뻔한 호박씨들이 가을색으로 옷을 입고 나뭇가지와 어우러져 멋진 가을 나무로 재탄생했답니다.

무엇을 준비할까요

- 말린 호박씨
- 공작풀
- 일회용 접시
- 나뭇가지
- 어린이 수성 물감 또는 아크릴 물감
- 캔버스
- 붓

1 일회용 접시에 사용할 물감을 각각 덜어놓은 후 호박씨를 넣고 물감으로 색을 입히고 말립니다.

2 호박씨가 마르는 동안 공작풀로 캔버스에 나뭇가지를 붙입니다.

3 나뭇가지가 캔버스에 완전히 붙을 때까지 가만히 둡니다.

4 채색한 호박씨가 다 마르면 한쪽에 모아두세요.

5 나뭇가지 주변으로 호박씨를 놓아봅니다. 나무를 어떤 모양으로 만들지 아이와 이야기하며 다양한 형태를 시도해보세요.

6 주은이는 하트 나무를 표현하고 싶다고 해서 하트 모양으로 결정했어요.

7 디자인이 정해지면 호박씨에 공작풀을 발라서 하나씩 붙여줍니다.

8 가을 분위기가 물씬 풍기는 호박씨 가을 나무가 완성되었습니다.

TIP · 공작풀은 보통 풀보다 세게 눌러야 나오기 때문에 아이들이 사용하기엔 힘들 수 있어요. 그럴 땐 공작풀을 일회용 그릇에 일정량 덜어주고 면봉에 묻히서 쓰도록 해주세요.

함께 놀아요

★ 아이마다 호박씨로 만드는 모양이 다르므로 그룹 활동의 경우 다양한 작품을 볼 수 있어 좋습니다.

★ 완성된 작품을 함께 감상하며 느낀 점을 이야기해보세요.

★ 아이가 만드는 동안 저도 옆에서 다른 모양으로 씨앗 모자이크를 만들었어요. 엄마도 아이와 같이 만들어보세요.

호박씨로 어떤 모양을 만들지를 구상하면서 상상력과 창의력이 자랍니다.

자화상 그리기

나는 어떤 모습일까요

| ⏱ 45분 | 👶 6세+ |

사진이 발명되기 이전에 화가들은 사진 대신 인물화를 그렸습니다. 그 중에서도 자화상은 화가가 자신을 어떻게 생각하는지를 엿볼 수 있는 흥미로운 통로이지요.

아이들 역시 자신의 모습을 그리는 경험은 아이가 자신에 대해 어떤 이미지를 갖고 있는지를 예술적으로 표현할 수 있는 좋은 기회가 됩니다. 아이가 자신의 모습을 관찰하고 표현하면서 자신을 탐색할 수 있는 공간을 미술놀이를 통해 만들어주세요.

무엇을 준비할까요

- 어린이 수성 물감 또는 아크릴 물감
- 붓
- 물통
- 오일파스텔 또는 크레파스
- 팔레트
- 도화지
- 거울

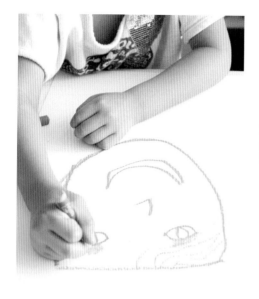

1 거울을 보고 자신의 얼굴을 관찰한 후 종이에 오일 파스텔이나 크레파스로 얼굴을 그립니다.

2 얼굴 아래에 몸과 옷도 그려줍니다.

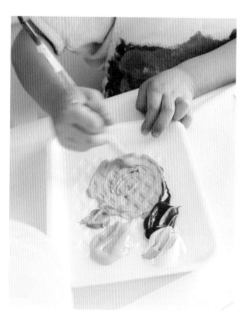

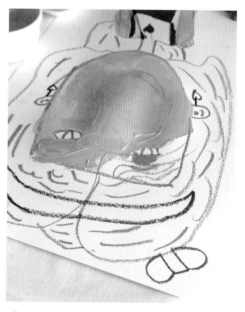

3 노란색, 빨간색, 흰색을 섞어 피부색을 만듭니다.

4 얼굴부터 채색을 합니다. 채색은 밝은 색에서 어두운 색으로 진행하는 것이 좋습니다.

180

5 다양한 색으로 옷을 표현합니다.

6 피부색이 말랐으면 그 위에 눈, 코, 입, 머리카락을 색칠하세요.

7 배경은 여러 가지 방법으로 꾸밀 수 있는데요. 이 작업에서는 바탕에 동그라미들을 그리고 남은 부분은 다른 색으로 채색해주었어요.

8 자화상이 완성되었습니다. 완성한 작품은 전시하고 감상합니다. 다른 사람이 표현한 자화상을 보고 느낀 점도 이야기해봅니다.

낙엽 모빌

종이 위에서 섞이고 긁히고… 물감의 다양한 무늬들

⏱ 60분 | 👶 6세+ |

계절의 변화가 뚜렷하지 않은 곳에서 살다 보니 종종 사계절의 변화를 뚜렷이 느낄 수 있었던 한국에서의 시간이 그립습니다. 봄이 오면 길가에 피어나는 꽃들을 보며 마음이 들떴고, 가을이 오면 왠지 허전해져서 낙엽이 지는 거리를 걸으며 가을 정취에 빠졌었죠.

남캘리포니아에서 태어난 주은이는 낙엽이 쌓인 가을의 정취를 잘 몰라요. 엄마가 태어나고 자란 곳의 느낌을 전해주고 싶어 생각해낸 낙엽 미술놀이. 종이에 아크릴 물감을 짜고 붓 대신 두꺼운 상자로 문지른 뒤에 빗으로 긁어서 빗살 무늬를 만들었어요. 아크릴 물감은 마른 후 잘 닦이지는 않지만 두껍게 발리는 특성이 있어 아이들이 질감을 탐구하고 표현하는 데 참 좋은 재료랍니다. 아크릴 물감으로 가을 나뭇잎을 만들어볼까요?

무엇을 준비할까요

- 도화지
- 빗이나 포크 등 긁을 수 있는 도구
- 양면 테이프
- 가위

- 상자 종이 조각
- 나뭇가지
- 공작풀

- 아크릴 물감 또는 어린이 수성 물감
- 끈
- 볼펜

■ 아크릴 물감이 없을 땐 어린이 수성 물감을 쓰세요.

1 종이에 가을을 연상시키는 색의 물감을 짜줍니다. 우리는 황토색, 주황색, 갈색, 하얀색을 짰어요.

2 상자 종이를 세워 물감 위를 긁듯이 지나갑니다. 한두 번만 왔다 갔다 해주세요. 너무 많이 왔다 갔다 하면 물감이 다 섞여서 색이 탁해져요.

3 물감이 골고루 퍼졌으면 빗으로 긁어서 물결 무늬를 만든 뒤 물감을 완전히 말립니다. 건조 시간을 줄이고 싶다면 헤어드라이어로 말려요.

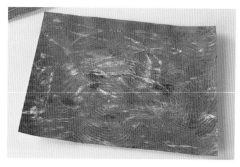

4 물감이 마르면 종이를 뒤집어 1~3번 과정을 반복합니다. 모빌로 쓸 것이 아니거나 완성 후 벽에 붙여놓을 거라면 한 면만 칠해도 괜찮아요.

5 빳빳한 종이에 여러 모양의 나뭇잎을 그리고 가위로 자릅니다. 주은이는 도토리를 좋아해서 도토리 모양도 추가했어요.

6 채색한 종이 위에 나뭇잎 도안을 대고 외곽선을 따라 그려주세요.

7 가위로 외곽선을 따라 자릅니다.

8 나뭇가지에 나뭇잎을 달기 전에 어떻게 배치하면 좋을지 아이와 같이 의논합니다.

9 공작풀이나 양면 테이프를 이용해 끈에 나뭇잎을 달아줍니다.

10 나뭇잎이 달린 끈을 나뭇가지에 매달면 완성! 벽에 걸어 집 안을 장식해도 좋고, 바람이 잘 부는 실외에 걸어두어도 좋아요.

함께 놀아요

◆ 추상화 아트 액자

물감놀이를 하고 남은 종이는 액자에 넣어 멋진 추상화 아트 액자를 만들어보세요. 어떤 부분을 잘라 액자에 넣을지 액자용 대지를 대본 뒤에 원하는 부분을 잘라서 액자에 넣으면 멋진 추상화 작품이 됩니다.

펠트 거북이

내가 그린 그림으로 만든 인형

| ⏱ 60분 | ☺ 6세+ |

무언가를 만드는 일은 아이들에게 일상입니다. 아이디어가 무궁무진하거든요. 그 아이디어들을 표현할 수 있도록 도움을 주는 게 부모의 역할인 것 같아요. 아이가 스스로 무언가를 만들고자 할 때, 신이 나서 쫑알거리며 계획을 세울 때 옆에서 지켜보는 즐거움은 덤이고요.

주은이는 언젠가부터 바느질을 무척이나 하고 싶어 했어요. 아직 어린 아이여서 천보다는 펠트가 바느질하기가 편할 것 같아 펠트로 간단한 소품을 만드는 방법을 알려주었습니다. 하루는 종이에 그림을 그려 와서는 "이대로 인형을 만들고 싶어요"라고 했어요. 이유를 물으니 다퉜던 친구에게 화해의 선물로 주고 싶다더군요. 주은이가 사랑하는 친구를 위해 직접 디자인하고 만든 거북이 인형. 친구에게 주은이의 마음이 잘 전달되었을까요?

무엇을 준비할까요

- 펠트
- 종이
- 뾰족한 도구
- 바느질 도구(바늘, 실, 가위)
- 연필
- 공작풀
- 솜

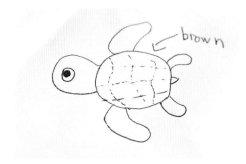

1 만들고 싶은 거북이를 종이에 그립니다.

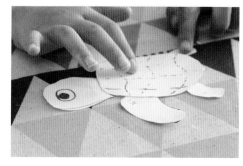

2 거북이 그림을 두꺼운 종이에 복사한 후 외곽선을 따라 오려 도안을 만듭니다. 이때 몸통과 머리, 다리, 꼬리는 따로 오립니다.

3 펠트에 거북이 도안을 대고 외곽선을 그립니다. 몸통, 머리, 다리는 앞면과 뒷면 각각 한 장씩 그려요.

4 펠트에 그려진 외곽선을 따라 자른 뒤 원래 디자인에 맞게 배열하고 바꿀 부분은 없는지 점검합니다. 주은이는 등껍질의 디자인을 체크에서 하트로 바꾸었어요.

5 머리의 앞면과 뒷면을 포개서 가장자리를 감침질로 꿰맵니다. 이때 몸통과 연결되는 부분은 꿰매지 말고 남겨두세요. 다리도 같은 방법으로 바느질합니다.

6 길고 뾰족한 도구를 이용해 솜을 넣습니다.

7 눈과 등껍질 장식을 만들어 공작풀로 붙입니다. 하트 모양에는 바느질 선이 보이게 홈질을 해주었어요.

8 몸통의 앞면과 뒷면 사이에 머리를 넣어 홈질로 연결하고 다리와 꼬리도 몸통에 붙입니다. 이때 창구멍을 남겨두고 솜을 넣은 후 봉합하면 완성입니다.

TIP • 아이가 어려서 바느질을 하기 어려워하면 공작풀로 붙여주세요.

함께 놀아요

★ 다양한 인형을 만들어 선물을 하거나 줄을 달아 오너먼트를 만들어봅니다.

바느질이 처음이라면 홈질, 감침질 등 간단한 바느질법을 알려주세요.

PART 4 겨울

겨울은 아이들과 미술놀이를 하기에 아주 좋은 계절입니다.
추운 날씨 때문에 실내에서 지내는 시간이 많은 데다
추수감사절, 크리스마스, 새해맞이 같은 이벤트가 많고
눈이 내리면 즐거운 추억이 생기는 등 미술놀이의 소재가 참으로
다양하거든요. 아이와 함께 따뜻한 방에 앉아 미술놀이를 하다 보면
어느새 새로운 해를 맞이하고 아이도 쑥 자라 있을 거예요.

크리스마스 판화 카드

손으로 직접 만들어 마음을 전해요

| ⏱ 30분 | 👶 5세+ |

12월은 아이들과 미술놀이를 하기에 더할 나위 없이 좋은 달입니다. 추운 날씨 때문에 실내에서 지내는 시간이 많고, 크리스마스를 기다리며 다양한 미술놀이로 집 안 곳곳을 장식할 수도 있으니까요.

크리스마스 미술놀이로 가장 쉽게 시작할 수 있는 건 바로 카드 만들기예요. 카드를 만드는 방법은 여러 가지가 있지만 오늘은 일회용 스티로폼 용기를 재활용해볼게요. 식료품을 포장했던 스티로폼 용기를 깨끗이 씻어서 그 위에 크리스마스를 상징하는 그림을 그리고 찍으면 멋진 판화 카드가 만들어지지요. 따뜻한 방에 앉아 친구와 가족들에게 보낼 크리스마스 카드를 아이와 함께 만들어보세요.

무엇을 준비할까요

- 일회용 스티로폼 용기
- 어린이 수성 물감
- 가위
- 도화지, 수채화지 또는 색지
- 롤러
- 연필 또는 뾰족한 도구
- 아크릴판 또는 쟁반

■ 판화는 수채화지처럼 질감이 있는 종이가 잘 찍히지만 수채화지가 없다면 도화지를 사용하세요.

1 일회용 스티로폼 용기를 깨끗이 씻은 후 원하는 카드 모양으로 잘라주세요.

2 종이는 반으로 접은 상태에서 스티로폼 그림판보다 사방 2cm 정도 크게 잘라 준비합니다.

3 스티로폼 그림판 위에 연필이나 뾰족한 도구로 크리스마스에 관한 그림을 그립니다. 완성될 그림이 반대 방향으로 찍힐 것을 감안해 밑그림을 그려주세요.

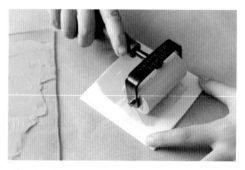

4 아크릴판이나 쟁반처럼 평평한 곳에 물감을 덜고 롤러에 물감을 고루 묻힌 후 스티로폼 그림판에 골고루 칠합니다.

5 채색된 스티로폼 그림판을 종이로 덮고 손바닥으로 꾹 누릅니다. 이때 종이나 스티로폼 그림판이 움직이지 않도록 주의합니다.

6 어떤 부분은 물감이 덜 묻어서 잘 안 찍히고 또 어떤 부분은 물감이 너무 많이 묻어서 뭉개질 수도 있어요. 판화는 두세 번 찍었을 때 가장 선명하게 나오니 물감을 다시 묻혀 여러 번 찍어주세요.

TIP • 스티로폼에 그림을 그릴 때 선의 깊이가 너무 얕으면
물감이 잘 묻지 않고 너무 깊으면 스티로폼이 뚫어질
수 있습니다. 아이가 손힘을 잘 조절하도록 도와주세요.
연필은 방금 깎아서 너무 뾰족한 것보다는 조금 뭉툭한
것이 더 잘 그려져요.

• 같은 그림을 색을 달리해서 찍고 싶으면 스티로폼 그림
판을 물로 씻고 물기를 닦은 후 다른 색 물감을 다시 묻
혀서 사용하세요.

7 다양한 색지에 찍어 친구와 가족들에게 크리스마스
인사를 전하세요.

함께 놀아요

★ 형제나 친구가 만든 그림판으로도 카드를 찍어보고 내가 만든 것과 어떻게 다른지 이야기해보세요.

★ 카드 만들기를 하면서 어떤 점이 가장
재미있었는지 이야기합니다.

★ 완성된 카드를 감상하며 표현이 잘된 점을
이야기하고 느낀 점을 나눕니다.

> 오목판화의 기법을
> 응용한 미술놀이입니다.
> 오목판화는 뾰족한 재료로
> 자국을 내어 깊게 팬 부분에
> 물감을 묻혀 찍어내는
> 판화입니다.

수채화 눈꽃 리스

수채화 물감과 오일파스텔의 마법 같은 만남

| ⏱ 45분 | 👶 5세+ |

아이가 유치원에 다닐 때 윌슨 벤틀리에 관한 그림책을 읽었어요. 윌슨 벤틀리는 세계 최초[1885년]로 눈 결정 사진을 촬영한 사람인데요. 그는 평생 동안 몇 천 장이 넘는 눈 결정 사진을 찍었는데 똑같은 모양의 눈 결정은 하나도 없었다고 해요. 각기 자신만의 아름다움을 가지고 있는 아이들은 눈 결정과 참 닮았어요. 아이들도 저마다 얼굴 생김새와 성격이 다르고, 같은 주제를 그려도 다 다른 그림을 그려내지요.

하얀 도화지에 하얀 오일파스텔로 눈 결정을 그리고 농도가 짙은 수채화 물감으로 칠하면 잘 안 보이던 눈 결정이 얼굴을 드러내요. 그럴 때마다 주은이는 "엄마, 매직[magic]이에요, 매직!"이라며 좋아합니다. 다양한 눈 결정을 그려서 겨울맞이 눈꽃 리스를 만들어보세요.

무엇을 준비할까요

- 눈 결정 관련 책
- 오일파스텔 또는 크레파스
- 물통
- 공작풀
- 수채화지
- 오목한 팔레트 또는 작은 그릇들
- 가위
- 수채화 물감
- 붓
- 일회용 종이접시

1 아이와 눈 결정에 관련된 책을 보거나 눈 결정 사진을 보면서 눈 결정 모양을 관찰합니다.

2 수채화지에 하얀색 크레파스나 오일파스텔로 여러 가지 모양의 눈 결정을 그립니다.

3 파란색, 보라색, 청록색 등 차가운 색 물감을 팔레트나 작은 그릇에 덜어 물에 개어놓습니다. 이때 물을 적게 넣어 물감의 농도를 짙게 만듭니다.

4 눈 결정 위에 물감을 동그랗게 칠합니다. 잘 안 보이던 눈 결정이 진한 물감과 대비되어 하얗게 도드라져 보입니다.

5 물감이 완전히 마를 때까지 기다립니다.

6 물감이 마르면 가장자리에 약간의 여유를 두고 잘라줍니다.

198

7 일회용 접시의 가운뎃부분을 동그랗게 잘라내 링을 만든 후 링 위에 공작풀로 눈꽃을 붙여줍니다.

8 완성된 리스는 문이나 벽에 걸어 장식해주세요.

TIP
• 아이가 하얀색이 잘 안 보여서 눈 결정 그리기를 어려워하면 하얀색 대신 노란색이나 옅은 회색 등 연하고 밝은 색을 사용해서 그리도록 해주세요.
• 아이가 눈 결정을 감싸며 동그랗게 색칠하는 것을 어려워하면 종이 전체를 큰 붓으로 칠하도록 해주세요.

함께 놀아요

★ 겨울을 그릴 수 있는 색을 생각해보고 표현해봅니다.
★ 다양한 눈 결정을 그리면서 눈 결정 모양에 대해 배웁니다.
★ 작은 그릇에 물감을 덜어놓고 쓸 경우
　두세 명이 물감을 함께 써도 좋습니다.
★ 물감을 칠하고 눈 결정이 하얗게 드러날 때
　기분이 어떠했는지 이야기를 나눕니다.

수채화 물감과 오일파스텔의 성질이 달라 서로 섞이지 않는다는 사실에 아이들은 참으로 신기해합니다.

홈메이드 점토 오너먼트

밀가루와 소금으로 만드는 오너먼트

| ⏱ 45분+ | | 😊 5세+ |

추수감사절이 지나면 크리스마스트리를 꺼내고 다가올 크리스마스를 준비합니다. 온 가족이 함께 장식하는 크리스마스트리는 아이에게 즐거운 추억이 되는데요. 트리에 걸 오너먼트 또한 아이가 직접 만들어본다면 더욱 의미 있는 크리스마스가 되겠지요?

집에 점토가 없어도 괜찮습니다. 밀가루와 소금으로 만들 수 있는 홈메이드 점토가 있으니까요. 점토 반죽을 하고, 쿠키 커터로 모양을 찍고, 오너먼트를 색칠하는 과정 모두 크리스마스를 기념하는 좋은 활동이 될 거예요. 명절 때 모인 가족처럼 모두가 한 상에 둘러앉아 홈메이드 점토 오너먼트를 만들어보세요.

무엇을 준비할까요

- 커다란 둥근 그릇
- 찬물
- 쿠키 커터
- 유산지
- 붓
- 리본이나 끈

- 밀가루
- 주걱
- 오븐
- 빨대
- 팔레트
- 아크릴 바니쉬(옵션)

- 소금
- 베이킹 매트
- 식힘망
- 아크릴 물감
- 물통

■ 홈메이드 점토 대신 지점토나 오븐용 점토를 사용해도 좋아요.

1 큰 둥근 그릇에 밀가루 2컵, 소금 1컵, 찬물 1컵을 넣고 주걱으로 잘 섞어줍니다.

2 마른 가루 없이 한 덩어리가 되면 베이킹 매트에 올려놓고 말랑말랑해질 때까지 치댑니다. 힘이 많이 들어가는 과정이니 아이와 엄마가 돌아가면서 해요.

3 반죽이 다 되면 밀대로 2~3mm 정도의 두께가 될 때까지 밀어줍니다.

4 바닥에 밀가루를 조금 뿌려서 반죽이 붙지 않도록 한 후 쿠키 커터로 찍어 오너먼트를 만듭니다.

5 오븐 팬에 유산지를 깔고 오너먼트들을 올려놓습니다. 빨대로 윗부분에 구멍을 내줍니다.

6 오븐에서 135℃로 2시간 정도 굽습니다. 1시간 정도 지났을 때 한 번 뒤집어주세요. 다 구워지면 식힘망에서 식힙니다.

7 오너먼트가 완전히 식으면 물감으로 다양하게 색칠
합니다.

8 물감이 마르면 끈을 달아줍니다.

TIP · 이 놀이에서 제시된 예상 시간은 건조 시간을 제외한
시간입니다. 오너먼트를 굽거나 건조하는 시간은 상황
에 따라 달라질 수 있으니 이 점을 참고해주세요.

· 오븐이 없을 경우 통풍이 잘되고 시원한 그늘에서 하루
나 이틀 정도 말리면 됩니다.

· 오너먼트를 구울 때 더 높은 온도에서 구우면 시간은
단축되지만 오너먼트가 탈 수 있어요. 집집마다 오븐의
화력이 다르니 중간중간 확인하면서 구워주세요. 오너
먼트가 단단해질 때까지 구우면 됩니다.

· 채색 후 아크릴 바니쉬를 발라주면 더 오래 보관할 수
있습니다.

함께 놀아요

★ 아이들 여럿이 채색할 때는 각자 종이 접시 위에 오너먼트를 올려놓고 그 안에서 채색하도록 해주세요.
★ 완성된 작품을 함께 감상하며 다른 사람이 한 디자인과 색감에 대해 느낀 점을 나눕니다.

교회나 품앗이
그룹에서 크리스마스를
기다리며 함께 하기
좋은 활동입니다.

겨울 실루엣 나무

겨울나무의 아름다움을 표현해요

| ⏱ 45분 | ☺ 5세+ |

추운 겨울을 나기 위해 나무는 여름내 무성했던 잎을 다 떨구고 숨을 다시 고릅니다. 언뜻 보기에 죽은 것처럼 보이지만 사실은 숨을 조금씩 아껴 쉬면서 조용히 봄을 기다리는 것이지요.

두 팔을 벌리고 하늘을 향해 서 있는 겨울나무. 나뭇잎이 없으면 초라할 것만 같던 나무가 나뭇잎을 걷어내니 오히려 기둥과 가지의 아름다움이 드러납니다. 그 조화롭고 아름다운 모습을 아이들과 함께 표현해보아요.

무엇을 준비할까요

- 마스킹 테이프
- 수채화지
- 물통

- 고운 소금
- 붓

- 수채화 물감
- 팔레트

함께 만들어 봐요

1 밖에 나가거나 사진을 보면서 나무를 관찰합니다. 기둥에서 가지가 뻗어나가는 모양을 살펴보고 가지가 끝으로 갈수록 가늘어진다는 것을 알려주세요.

2 마스킹 테이프로 나무 기둥을 표현합니다. 기둥은 마스킹 테이프를 세로로 나란히 두 번 붙여 표현하고, 가지는 끝으로 갈수록 점점 가늘게 표현합니다.

3 채색을 시작합니다. 나무 기둥의 하얀색과 대비되도록 가능하면 바탕은 진한 색으로 칠해요.

4 바탕을 다 칠했으면 그 위에 소금을 뿌려 질감을 표현합니다. 소금은 한꺼번에 너무 많이 뿌리지 말고 조금씩 골고루 뿌려주세요.

5 물감이 마르면 소금을 털어내고 마스킹 테이프를 떼어냅니다. 종이가 찢어지지 않도록 천천히 조심스럽게 떼어내요.

6 겨울나무가 완성되었어요. 액자에 넣어서 전시해주세요.

함께 놀아요

★ 형제나 또래 그룹과 함께 하는 미술놀이는 서로 에너지를 받아 더 즐겁게 작업할 수 있고, 저마다 다른 다양한 표현 방식을 볼 수 있어 좋습니다.

★ 완성된 작품을 감상하며 겨울나무가 잘 표현되었는지 살펴보고 느낀 점을 이야기합니다.

마스킹 테이프를 찢어서 나뭇가지의 형태와 두께를 표현하는 과정을 통해 손과 눈의 협응력이 자랍니다.

크리스마스트리 액자

나만의 작은 트리 꾸미기

| ⏱ 45분 | ☺ 6세+ |

한 해를 마무리하는 12월은 크리스마스 때문에 더욱 풍성한 느낌이 듭니다. 아이와 함께 할 수 있는 크리스마스 미술놀이는 정말 다양한데요. 커다란 트리를 가족 모두가 함께 장식하는 것도 의미 있는 일이지만, 혼자서 맘껏 꾸밀 수 있는 나만의 작은 트리가 있다면 그것도 재미있겠죠? 아이들은 자기만의 것을 갖고 싶어 하니까요.

캔버스에 물감으로 트리를 그리고 폼폼과 새틴 등으로 장식하는 크리스마스트리 액자. 아이에게 나만의 작은 트리를 꾸미는 즐거움을 선사해주세요.

무엇을 준비할까요

- A4지
- 가위
- 팔레트
- 캔버스
- 어린이 수성 물감 또는 아크릴 물감
- 꾸미기 재료(폼폼, 스팽글, 단추 등)
- 연필
- 붓

1 A4지를 가로로 반을 접어 종이가 접힌 쪽이 왼쪽을 향하도록 놓습니다. 종이에 크리스마스트리와 화분 (또는 나무기둥)의 반쪽을 그립니다.

2 선을 따라 가위로 트리를 잘라주세요. 크리스마스트리 도안이 완성되었어요.

3 캔버스 위에 도안을 대고 연필로 외곽선을 그립니다.

4 팔레트에 물감을 덜어놓습니다. 초록색에 흰색과 노란색을 조금씩 섞어 트리를 칠할 색을 만들어요.

5 트리를 칠해주세요. 연필선 밖으로 물감이 삐져나와도 괜찮아요. 자연스럽게 칠하도록 격려해주세요.

6 화분은 트리와 어울리는 다른 색으로 칠합니다.

7 물감이 마르면 진짜 트리를 꾸미듯이 반짝이는 줄을 달고 폼폼, 스팽클, 단추 등으로 예쁘게 장식합니다.

8 바탕에 눈꽃 모양의 스팽글도 붙여요. 눈이 오는 것처럼요. 나만의 크리스마스트리 액자가 완성되었습니다.

TIP • 도안을 쓰지 않고 직접 트리를 그려도 좋습니다.
 • 6세 이하이 아이들은 스텐실 기법(72쪽 '내 이름 앞치마' 참고)을 활용하면 쉽게 트리를 표현할 수 있어요.

함께 놀아요

★ 종이에 그릴 때와 캔버스에 그릴 때 느낌이 어떻게 다른지 이야기해봅니다.
★ 형제나 친구들이 꾸민 크리스마스트리를 함께 감상하며 마음에 드는 표현을 이야기합니다.

캔버스 액자를 사용하면 작업의 완성도가 높아져 아이의 성취감과 자신감이 커집니다.

눈사람 콜라주

다양한 재료로 표현해요

| ⏱ 45분 | 👶 6세+ |

눈사람은 동그라미, 세모, 네모 그리고 직선, 곡선을 모두 그려볼 수 있는 좋은 소재예요. 모든 사물이 기본 형태로 이루어져 있다는 것을 알게 되면 형태와 공간을 이해하는 능력이 더욱 발달하지요.

물감, 천, 단추, 나뭇가지 등 다양한 재료로 표현하는 눈사람 콜라주. 콜라주는 여러 가지 다른 질감의 재료들을 조화롭게 구성해 그림을 만드는 방법입니다. 아이들이 친근하게 느끼는 눈사람으로 미술의 조형 요소인 형태, 색채, 질감을 모두 경험해볼까요?

무엇을 준비할까요

- 색지(바탕용, 눈코용)
- 붓
- 연필
- 나뭇가지, 단추, 비즈 등 꾸미기 재료
- 어린이 수성 물감 또는 아크릴 물감
- 물통
- 가위
- 마커
- 일회용 그릇
- 조각천
- 공작풀
- 면봉

1 일회용 그릇에 흰색 물감을 덜어놓습니다. 색지에 흰색 물감으로 눈사람을 그리고 칠합니다. 아이가 원하면 눈덩이를 하나 더 그려도 좋습니다.

2 눈사람이 서 있는 눈밭을 그리고 칠한 후 한쪽에 두어 말립니다. 이때 물감은 마르지 않도록 뚜껑을 덮어둡니다. 마지막 과정에서 다시 사용할 거예요.

3 천을 골라 눈사람의 모자와 목도리를 그리고 가위로 자릅니다.

4 물감이 완전히 마르면 눈사람의 머리와 목에 모자와 목도리를 각각 붙여주세요.

5 종이에 연필로 눈과 코를 그려서 오린 후 눈사람 얼굴에 붙입니다.

6 나뭇가지를 첫 번째 몸통에 붙여 팔과 손을 표현하고, 눈사람의 몸을 단추나 비즈 등의 재료로 꾸며줍니다.

7 마커로 바닥에 소복이 쌓인 눈을 표현합니다.

8 하얀색 물감을 면봉에 묻혀 배경에 콕콕 찍어 눈이 오는 풍경을 표현합니다.

TIP • 그림을 그리기 전에 어떤 눈사람을 그릴지 아이와 이야기하며 함께 스케치를 해보세요.
• 눈사람을 그릴 때 얼굴 위치를 잡고 동그라미로 눈덩이를 그린 후 그 아래에 그보다 조금 더 큰 동그라미를 그리면 어렵지 않게 그릴 수 있어요.
• 물감을 사용할 때 커다란 쟁반에 종이를 올려놓고 그리면 테이블에 물감이 묻지 않아 편리합니다.

함께 놀아요

★ 눈사람의 모습 속에 어떤 기본 형태(동그라미, 세모, 네모)가 들어 있는지 이야기해봅니다.
★ 오늘 사용한 재료 외에 또 어떤 재료를 사용할 수 있을지 의견을 나눕니다.
★ 형제나 친구들의 작품을 감상하며 마음에 드는 점과 재미있게 표현된 점을 찾아봅니다.

형태, 색채, 질감 모두를 경험하고 사물의 기본 형태를 익히고 표현할 수 있습니다.

커피 여과지 눈꽃송이

우리 집 창문에 내린 눈꽃송이

| ⏱ 30분 | 😊 5세+ |

주은이는 눈에 대한 동경이 있어요. 겨울에도 따뜻한 남캘리포니아에 살기 때문이겠죠. 그런 주은이의 소원은 하늘에서 내리는 눈을 직접 보고 눈밭에서 실컷 노는 것이에요.

한번은 주은이가 아파서 밖에 나가지 못하고 며칠 동안 집에만 있었어요. 한시도 가만히 있지 않고 에너지가 넘치던 아이가 아파서 축 처져 있는 것을 보니 마음이 참 아팠지요. 아픈 주은이의 기운을 북돋기 위해서 종이로 눈꽃을 만들었어요. 하얀색 커피 여과지를 오려서 만든 눈꽃을 창문에 가득 붙이고 보니 꼭 눈이 내리는 것 같았지요.

날씨가 춥거나 아파서 며칠씩 밖에 못 나갈 때 종이와 가위만 있으면 아이와 간단하게 할 수 있는 종이 눈꽃 만들기, 함께 시작해볼까요?

무엇을 준비할까요

- 커피 여과지
- 펀치
- 풀
- 연필
- 색지
- 가위
- 투명 테이프 또는 양면 테이프

■ 커피 여과지가 없으면 A4지나 색종이를 사용하세요.

1 커피 여과지를 반으로 접어주세요.

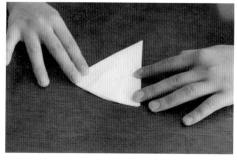

2 두 번 더 계속 반으로 접으면 위와 같은 모양이 됩니다. 어린 아이들은 두 번만 접어주세요. 두꺼워지면 자르기 힘들어요.

3 연필로 눈꽃 패턴을 그립니다.

4 선을 따라 가위로 잘라주세요.

5 빈 공간에 펀치로 구멍을 냅니다. 펀치를 누르는 데 힘이 많이 들어가니 어린 아이들은 엄마가 대신 해주세요.

6 완성된 눈꽃은 색지에 붙여 액자에 넣거나

7 투명 테이프로 창문에 붙여도 좋아요.

함께 놀아요

◆ 다양한 눈꽃 패턴

등분하여 접은 종이를 특정한 모양으로 오린 후 펼치면 같은 모양이 반복되어 나타난다는 것을 알게 됩니다.

겨울 점토 모빌

겨울을 상징하는 이미지를 그려보아요

| ⏱ 45분+ | ☺ 5세+ |

220

어린 아이들은 늘 그리던 것만 습관적으로 그리는 경향이 있기 때문에 새로운 그림의 주제를 정해주고 그것과 관련된 그림을 그릴 기회를 주는 것이 좋습니다. 창의력은 경험이 바탕이 되는 만큼 많은 그림을 보고 그려본 아이들이 더 많은 것을 상상하고 표현하게 되거든요.

겨울 이미지를 점토 안에 새겨넣어 만든 겨울 모빌은 주제를 정해 그리기와 점토 만들기가 결합된 미술놀이입니다. 다양한 주제로 바꿔서 여러 가지 모빌을 만들어보세요.

무엇을 준비할까요

- 흰색 찰흙 점토
- 끈
- 물통
- 모빌대로 쓸 재료
- 어린이 수성 물감 또는 아크릴 물감
- 팔레트
- 대나무 꼬치, 이쑤시개 등 뾰족한 도구
- 붓
- 아크릴용 바니쉬

■ 모빌대로 나무 막대기, 나뭇가지, 얇은 철사 옷걸이 등을 쓸 수 있습니다.

■ 흰색 찰흙 점토 대신 지점토나 오븐용 점토를 써도 좋습니다.

1 점토를 동그랗게 빚은 다음 손바닥으로 꾹 눌러 납작하게 만듭니다.

2 점토의 윗부분을 대나무 꼬치로 찔러 끈을 걸 수 있는 구멍을 만듭니다.

3 점토 위에 뽀족한 도구로 겨울을 상징하는 그림을 그립니다.

4 통풍이 잘되는 곳에서 하루 정도 말립니다.

5 겨울을 상징하는 차가운 색들을 골라 색칠합니다. 한쪽에 두어 잘 말립니다.

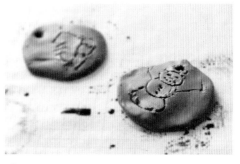

6 물감이 마른 후 아크릴용 바니쉬를 칠해주면 오래 보관할 수 있습니다.

222

7 점토에 낸 구멍에 끈을 답니다.

8 막대기에 점토를 달아 모빌을 완성합니다.

함께 놀아요

★ 겨울을 상징하는 이미지를 함께 생각해보고 이야기합니다.

★ 자신이 만든 모빌에 대해 설명하고 서로의 작품에 대해
   느낀 점을 나눕니다.

뾰족한 도구로
점토 표면을 긁어 그림을
그리는 활동은 아이에게
새로운 경험이 될 수
있습니다.

천으로 꾸민 종이 인형

새로운 인형 놀이

| ⏱ 30분+ | 😊 5세+ |

어렸을 적에 종이에 인형을 그리고 색칠을 하고 오려서 가지고 놀았던 기억이 있어요. 좀 더 커서는 천으로 인형 옷을 만들며 놀았고요. 엄마가 되어 아이를 키우다 보니 어린 시절의 인형놀이가 얼마나 재미있었는지가 떠오르네요.

패션에 관심이 많은 주은이는 옷을 그리면서 노는 걸 좋아해요. 집에 어린이용 패션 책이 있는데 한동안 매일 옷들을 색칠하고 새로운 옷을 그리며 놀았어요. 그런 주은이를 위해 천으로 옷을 만들며 놀 수 있는 종이 인형 미술놀이를 준비했어요. 나중에 아이가 커서 떠올릴 수 있는 즐거운 추억이 되길 바라면서요.

무엇을 준비할까요

- 두꺼운 종이(마분지)
- 공작풀
- 꾸미기 재료(털실, 리본, 단추, 새틴, 비즈 등)
- 인형 도안
- 볼펜 또는 마커
- 조각천
- 가위
- 연필

■ 천이 없다면 한지나 색 습자지 등 천의 느낌이 나는 종이를 사용해도 좋습니다.

1 두꺼운 종이에 인형 도안을 대고 그린 후 오립니다. 열 개 정도 만들어놓습니다.

2 어떤 옷을 만들지 아이와 같이 의논한 후 천 위에 종이 인형을 대고 원하는 모양의 옷을 그립니다.

3 재단선을 따라 자릅니다.

4 옷을 종이 인형에 붙이고 원하는 디자인에 따라 장식을 합니다. 주은이는 공작풀로 리본도 붙이고 단추도 붙였습니다.

5 머리는 털실로, 얼굴은 펜으로 꾸미고 신발도 만들어줍니다.

6 2~5번 과정을 반복하며 다양한 모습의 인형들을 만들어요.

7 인형놀이가 끝난 후에는 벽에 예쁘게 걸어주세요.

함께 놀아요

★ 인형을 꾸미면서 재미있었던 점과 어려웠던 점에 대해 이야기합니다.
★ 가장 표현이 잘된 인형은 무엇인지, 어떤 부분이 마음에 드는지
   이야기를 나눕니다.
★ 인형에게 이름을 지어주고 형제나 친구들과 함께
   인형놀이를 합니다.

스스로 디자인하고
꾸미는 과정을 통해
미적 감각을 키울 수
있습니다.

내가 신고 싶은 스케이트

스스로 디자인하고 만들어요

| ⏱ 45분 | 👶 6세+ |

아이가 유치원 때 처음 타본 스케이트. 주은이는 그 후로 스케이트에 푹 빠졌어요. 스케이트가 왜 좋으냐고 물어보니 얼음 위를 타는 느낌이 너무 좋고, 시원하고 자유로운 기분이 든다고 해요.

하루는 오랜만에 놀러온 친구와 스케이트 미술놀이를 했어요. 이 친구와는 공통점이 많아요. 어릴 때부터 함께 미술놀이를 해왔고, 둘 다 스케이트를 너무 사랑하지요. 자신이 신고 싶은 스케이트를 디자인하며 이 날 오후를 보냈습니다.

아이의 친구가 놀러왔을 때 같이 미술놀이를 해보면 어떨까요? 아이가 좋아하고 관심 있어 하는 분야와 관련된 것이면 더욱 좋겠죠?

무엇을 준비할까요

- 스케이트 도안
- 칼과 가위
- 붓
- 털실
- 상자 종이
- 펀치
- 팔레트
- 연필
- 아크릴 물감 또는 어린이 수성 물감
- 물통

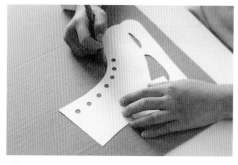

1 빈 상자를 잘라 그 위에 스케이트 도안을 대고 그립니다.

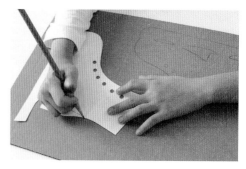

2 스케이트 도안을 뒤집어 다른 한 짝도 그립니다.

3 칼과 가위를 이용해서 외곽선을 따라 자르고 펀치로 끈이 들어갈 구멍을 내줍니다. 상자가 두꺼워서 아이 혼자 하기 힘드니 엄마가 도와주세요.

4 어떤 스케이트를 만들고 싶은지 함께 이야기한 후 쓰고 싶은 색을 팔레트에 덜어놓습니다.

5 원하는 디자인으로 스케이트를 칠합니다.

6 물감이 완전히 마를 때까지 기다립니다.

7 펀치로 뚫은 구멍에 털실을 넣어 스케이트의 끈을 묶은 것처럼 표현합니다.

8 양쪽 스케이트 끈을 서로 묶어줍니다.

함께 놀아요

★ 아이들의 생일 파티나 모임 때 친구들과 함께 해도 좋습니다.
★ 스케이트 외에 다양한 모양을 만들어 채색하고 여러 가지 재료로 꾸며보세요.

스스로 디자인하고 꾸미는 과정을 통해 아이의 창의력이 발휘됩니다.

습자지 창문 장식

쉽게 만드는 밸런타인데이 미술놀이

| ⏱ 30분 | 😊 4세+ |

2월이 되면 마음이 참 설레요. 곳곳에 붉은색 하트 장식들이 이제 곧 밸런타인데이가 다가온다는 것을 알려주거든요. 남녀 사이뿐만 아니라 가족, 친구 등 사랑하는 사람에게 마음을 전하는 밸런타인데이. 그래서 2월에는 하트와 관련된 미술놀이를 많이 하게 돼요.

얇은 재질감이 특징인 습자지^{꽃종이}는 아이들 만들기에 많이 쓰이는데요. 창문에 붙이면 빛이 통과하면서 스테인드글라스처럼 아름다운 창문 장식이 된답니다. 오늘은 우리 집 창문을 스테인드글라스처럼 꾸며보아요.

무엇을 준비할까요

• 습자지
• 가위
• 투명 시트지
• 일회용 그릇
• 색지
• 양면 테이프

1 습자지를 작은 조각으로 잘라 그릇에 담아요.

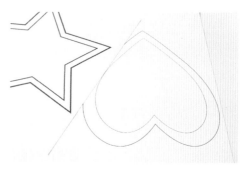

2 큰 하트 모양을 색지에 인쇄하거나 그립니다. 큰 하트 안쪽에 조금 작은 하트를 그립니다.

3 하트를 링 모양으로 잘라주세요.

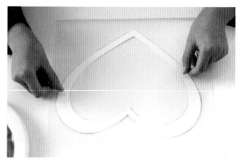

4 시트지의 접착제가 있는 쪽을 위로 하고 그 위에 하트 링을 붙입니다.

5 하트 안에 잘라놓은 습자지를 붙여주세요. 여러 가지 색을 조합해서 붙입니다.

6 습자지를 다 붙인 후 하트 주변의 시트지를 가위로 잘라서 정리해줍니다.

7 별 모양 등 다른 모양으로 더 만들고 싶으면 2~6번 과정을 반복합니다. 다양한 모양으로 만들어보세요.

8 완성한 장식은 양면 테이프로 창문에 붙입니다.

TIP · 투명 시트지가 없을 땐 OHP 필름에 풀을 바른 후 습자지를 붙이세요.

함께 놀아요

★ 다양한 모양으로 만들어 창문을 장식해보세요.
★ 습자지가 겹쳐지고 빛이 투과되어 만들어지는 다양한 색감을 감상합니다.
★ 다른 사람이 선택한 색과 내가 선택한 색이 어떻게 다른지 이야기를 나눕니다.

습자지를 손으로 찢어서 붙여도 됩니다. 종이를 손으로 찢으면 감정 발산의 효과가 있습니다.

여러 가지 하트 그리기

수채화 물감으로 선과 패턴 연습하기

| ⏱ 45분 | 😊 6세+ |

물감도 붓도 낯설어했던 아이도 미술놀이 시간이 쌓여가고 재료를 사용하는 경험이 늘다 보면 어느덧 붓으로 물감을 칠하는 것을 마음껏 즐기게 됩니다. 손에 힘이 붙어 붓 사용도 제법 능숙해지고요.

그렇게 붓질에 익숙해지면 다양한 선과 패턴을 연습할 수 있도록 해주세요. 아이의 경험이 늘어날수록 표현할 수 있는 것이 더 많아진답니다. 그럼 아이들이 좋아하는 하트를 수채화 물감으로 함께 꾸며볼까요?

무엇을 준비할까요

- 수채화 물감
- 물통
- 끈

- 수채화지
- 팔레트
- 테이프

- 납작붓, 둥근 붓 등 다양한 모양과 크기의 붓
- 가위
- 도안용 종이(A4지)

1 종이를 반으로 접습니다. 접힌 면을 기준 삼아 하트의 반쪽을 그려주세요.

2 종이를 접은 상태에서 가위로 선을 따라 자릅니다.

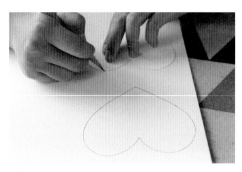

3 하트 도안을 수채화지에 대고 연필로 외곽선을 따라 그립니다. 여러 개의 하트를 그려주세요.

4 수채화 물감으로 하트를 다양하게 꾸밉니다.

5 하트를 꾸밀 때 바탕을 칠하지 않고 선과 점으로 공간을 채워나가도 예쁘고요.

6 먼저 물감으로 하트 전체를 칠한 후 그 위에 다양한 선과 점으로 하트를 꾸밀 수도 있습니다.

238

7 아이들은 이렇게 눈과 입 등을 그려 하트 얼굴을 만 드는 것도 무척 좋아하지요.

8 물감이 마르면 하트들을 가위로 오려 액자에 넣거나 가랜드를 만들어 장식해주세요.

함께 놀아요

★ 모양이 다른 붓을 사용해보고 그 느낌이 어떻게 다른지 이야기합니다.
★ 완성한 하트를 전시하고 장식하는 방법을 생각해보고 다양한 시도를 해봅니다.

다양한 선과 점을 이용해 패턴을 그리다 보면 집중력도 좋아지고 면 활용 능력도 커집니다.

함께 만드는 벽시계

아이의 그림을 오래 담아둬요

| ⏱ 60분+ | ☺ 6세+ |

아이가 자랄수록 그림도 조금씩 변합니다. 저는 아이가 끄적거린 낙서나 작은 그림을 골라서 폴더에 보관하는데요. 가끔 생각나서 들여다보면 아이의 관심사가 어떻게 변해왔는지, 그에 따라 그림이 어떻게 달라졌는지를 한눈에 볼 수 있어요.

아이가 한 살 한 살 커갈수록 그림도 정교해지고 그림의 완성도도 높아지지만, 저는 여전히 아이의 어릴 적 미숙했던 그림이 더 좋아요. 손힘이 약해서 선도 형태도 삐뚤삐뚤하지만 그 시절의 그림은 이제는 다시 그릴 수가 없거든요. 마치 아이가 다시 어려질 수 없는 것처럼요.

아이에게는 나이테와 같은 드로잉. 그 그림을 오랫동안 남아놓을 수 있는 시계를 아이와 같이 만들어보았습니다.

무엇을 준비할까요

- 시계용 둥근 원목
- 젯소
- 붓
- 물통

- 시계 바늘 및 시계 부품
- 연필
- 스펀지붓
- 공작풀

- 나무 숫자
- 아크릴 물감
- 일회용 접시
- 무광 바니쉬(옵션)

■ 시계 바늘 및 부품은 인터넷 오픈마켓 등에서 구할 수 있습니다.

1 준비한 원목은 젯소를 발라 표면을 정리해줍니다.

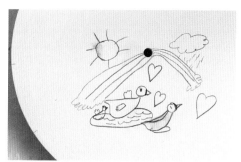

2 연필로 원하는 위치에 그림을 그립니다.

3 아크릴 물감으로 채색을 합니다.

4 물감이 완전히 마르도록 한쪽에 둡니다.

5 나무 숫자를 아크릴 물감으로 칠하고 말립니다.

6 채색한 숫자를 시계 숫자 위치에 맞게 배열한 후 공작풀로 붙입니다.

7 시계 바늘과 부품을 원목 나무에 부착합니다. 이 작업은 아이 혼자 하기는 어려우니 엄마가 함께 해주세요.

8 아이의 그림이 담긴 시계가 완성되었습니다. 완성된 시계는 아이 방에 예쁘게 놓아주세요.

TIP • 어떤 그림을 그리고 싶은지 충분히 이야기를 나누고 종이에 연습을 하면 원목에 그림을 그릴 때 훨씬 수월합니다.

• 작업 시간이 오래 걸리는 미술놀이입니다. 시간을 두고 천천히 완성해주세요.

• 완성된 시계는 시간이 지나면 표면이 손상될 수 있으니 무광 바니쉬를 발라 표면을 보호해주세요.

함께 놀아요

★ 나무에 그림을 그리는 느낌에 대해 이야기해봅니다.

★ 완성한 시계를 어느 곳에 걸고 싶은지 이야기하고 원하는 공간에 시계를 걸어놓습니다.

나무판에도 그림을 그릴 수 있다는 것을 알게 되어 미술 재료에 대한 새로운 시각을 얻게 됩니다.

미술놀이 초보 엄마 아빠들을 위한 조언

아이들의 창의력과 정서 발달에 좋은 미술놀이. 미술놀이가 좋다는 것은 알지만 미술이 낯선 부모들은 미술놀이가 어렵다고들 하세요. 미술놀이 초보 부모들도 쉽게 시작할 수 있는 방법을 알려드릴게요.

1. 미술놀이는 아이만을 위한 작업이 아니에요. 엄마에게도 필요한 예술적 활동입니다.

미술놀이를 아이에게 '해줘야' 하는 일로 생각하지 말고 함께 즐겨보세요. 아이를 키우는 일은 많은 에너지를 요구하기 때문에 미술놀이까지 엄마가 해줘야 하는 '일'이 되어버리면 육아가 너무 힘들어지거든요. 아이가 미술놀이를 할 때 아이디어도 같이 생각해보고 재료도 함께 다뤄보세요. 미술의 세계가 재미있다는 것을 알게 될 거예요.

그리고 무언가를 창조하는 일은 사람에게 새로운 에너지를 불러일으킨답니다. 아이와 함께 만들고 그리다 보면 내 안에 숨어 있던 예술적 감성을 발견하게 될 거예요. 엄마가 즐거우면 아이도 함께 즐거워집니다.

2. 미술 재료를 알게 되면 미술놀이가 재미있어집니다.

누구나 잘 모르는 일에 대해선 막연하게 두려움을 느낍니다. 하지만 막상 그 안으로 들어가 보면 생각보다 어렵지 않다는 걸 알게 되지요. 새로운 것을 알아가는 기쁨도 있고요. 먼저 기본적인 미술 재료 설명을 읽어본 후 직접 사용해보세요. 사용 경험이 늘어나면서 우리 집만의 재료 리스트와 노하우도 생깁니다. 자세한 재료 안내는 '미술 재료 설명과 구입 방법'을 참고하세요.

3. 준비가 잘되어 있으면 시작이 쉽습니다.

본격적으로 미술놀이를 즐겁게 하려면 준비가 필요합니다. 먼저, 미술놀이를 편하게 할 수 있는 시간과 환경을 만들어보세요. 아이가 피곤하지 않고 기분이 좋은 시간, 아이에게 안전하고 편하면서 엄마에게도 부담이 없는 작업 환경이 가장 좋습니다.

시간과 환경이 정해지면 재료를 확인합니다. 미술놀이를 시작하기 전에 필요한 재료들을 구비하고 아이가 쓰기 편하게 준비해놓으면 미술놀이를 진행하기가 수월하답니다. 마지막으로, 가장 중요한 준비는 미술놀이 전에 아이와 나누는 대화예요. 아이에게 오늘 무엇을 할지, 어떻게 할지를 잘 설명해준 후에 아이가 어떻게 생각하는지, 어떤 그림을 그리고 싶은지, 무엇을 만들고 싶은지 이야기를 나눠보세요. 미술놀이는 기술보다는 대화, 결과보다는 아이와 연결되는 느낌이 중요합니다. 특히 6세 이전의 아이들은 오랜 시간 동안 앉아서 정해진 방법을 따라 하는 것이 무척 어려워요. 그러니 결과를 강조하기보다는 과정을 즐기고 아이와 함께 만들어가세요.

4. 만드는 과정에서 아이와 즐거운 교감을 나눠요.

처음 할 때는 엄마도 서툴고 아이도 낯설어 할 수 있어요. 때론 예상했던 대로 진행이 안 될 수도 있고, 아이가 자기 맘대로 할 때도 있고요. 하지만 실망하지 말고 그런 시간들을 즐기길 바라요. 아이가 가장 원하는 것은 엄마와 함께 보내는 시간이거든요.

좋은 작품은 아이와 함께하는 시간이 쌓이고 서로 호흡이 맞아가면서 하나씩 늘어나게 됩니다. 물론 가끔은 아이들의 아이디어가 이 책에서 제시하는 것보다 더 좋거나, 우연히 멋진 작품을 만나기도 해요. 그럴 때면 엄마와 아이는 신이 나서 다음 미술놀이를 기쁨으로 준비하고 기다리게 된답니다.

5. 전시는 작품의 완성입니다.

완성된 작품은 집 안 곳곳에 전시해주세요. 한쪽 벽에 모아 걸거나 선반에 올려 멋지게 장식하면 아이는 자신의 작품을 더욱 자랑스럽게 생각하고, 더불어 자존감이 높아집니다. 아이가 완성한 작품에 대한 그 어떤 칭찬보다 효과적인 격려가 되지요. 작품을 전시하는 방법은 '우리 집 미술관 – 아이 작품의 보관과 전시 방법(18쪽)'을 참고하세요.

미술 재료 설명과 구입 방법

어린이 미술놀이에서 미술 재료의 특징을 이해하고 양질의 재료를 사용하는 일은 음식을 할 때 식재료를 다루는 일만큼이나 중요하지요. 즐겁고도 쉬운 미술놀이를 위해 이 책에서 자주 쓰는 재료들의 특성과 사용법을 소개합니다.

물감

어린이 수성 물감

어린이들이 사용하기 쉽게 만들어진 물감이에요. 제품마다 부르는 이름과 품질이 조금씩 다르지만 대부분 무독성이면서 물에 잘 닦이고 빨리 마르는 특징이 있어요. 물을 많이 섞으면 수채화 물감과 비슷하고, 흰색을 섞어 쓰면 아크릴 물감과 비슷한 느낌을 낼 수 있어요. 주로 종이에 채색을 하거나 판화를 찍을 때 사용합니다.

수채화 물감

색상이 맑고 투명해서 아이들이 색채를 경험하는 데 유익한 물감입니다. 수채화의 다양한 기법을 미술놀이에 응용하면 재미있고 신기한 경험을 할 수 있어요.
흰색 대신 물을 섞어 색의 밝기를 조절하는 수채화 물감은 아이들이 스스로 물의 농도를 맞추는 것이 쉽지 않으니 엄마가 미리 물감을 적절한 농도로 만들어둘 필요가 있습니다. 물감과 붓의 사용이 익숙한 아이들은 팔레트에 물감을 짜서 굳히거나 고체로 된 팔레트형 물감을 사용해도 좋아요.

아크릴 물감

아크릴 물감은 접착력이 강해 상자 종이, 나무, 점토와 같은 다양한 재료에 칠할 수 있어요. 또 어린이 수성 물감에 비해 색이 잘 섞이고 색감이 선명해 작품의 완성도도 높일 수 있지요. 굳은 후에는 잘 지워지지 않으니 물감을 사용할 때는 헌 옷이나 앞치마를 착용하고, 사용한 붓은 곧바로 세척합니다. 아크릴 물감용 팔레트로 일회용 접시나 식료품 스티로폼 포장재 등을 재활용해 사용하면 편리해요.

염색 물감

천에 그림을 그리거나 무늬를 넣을 때 쓰는 직물 전용 물감이에요. 물감을 말린 후 종이나 천을 덮고 다리미로 다리면 세탁을 해도 색이 변하지 않지요. 아이들의 티셔츠나 앞치마 등을 꾸밀 때 사용합니다.

반짝이 물감

수성 물감에 반짝이를 섞은 물감입니다. 말린 후에도 반짝이가 남아 있어 새로운 질감을 표현하기에 좋습니다. 아이들이 무척 좋아하는 재료지요.

젯소

젯소는 물감을 칠할 표면을 하얗게 정리해주는 보조제로서 물감이 잘 스며들고 발색이 좋아지도록 도와줍니다. 주로 상자 종이나 나무에 채색하기 전에 쓰는데, 한 번 사용한 캔버스 액자를 다시 쓰고 싶을 때도 젯소를 사용합니다.

식용색소

주로 제과제빵에 쓰이는 식용색소는 미술놀이의 훌륭한 재료가 됩니다. 삶은 달걀을 염색하거나 수채화 물감 대용으로 사용할 수 있어요. 옷이나 손에 묻으면 잘 지워지지 않으니 주의해서 사용하세요.

도화지

종이는 너무 얇지 않으면서 재질이 좋은 것으로 준비해주세요. 잘 찢어지지 않아야 아이들이 마음껏 그리고 색을 칠할 수 있어요. 특히 물감을 칠하는 종이가 품질이 좋지 않아 원하는 결과를 얻지 못하면 아이들이 쉽게 좌절감을 느낍니다. 종이는 만져보면 양쪽 면의 질감이 다른데 부드러운 쪽을 앞면, 거친 쪽을 뒷면이라 부릅니다. 채색 시 앞면을 사용해야 물감이 잘 스며들고 종이 결이 잘 일어나지 않아요. 인터넷 오픈마켓 등에서 '켄트지'로 검색해보세요. 다량으로 사서 이웃들과 나눠 쓰면 좀 저렴하게 구비할 수 있어요.

수채화지

수채화지는 수채화 물감을 쓸 때 사용하는 종이로 두께가 있어 물을 천천히 흡수하고 잘 찢어지지 않아요. 수채화지를 여러 장 묶어 스케치북 형태로 나온 제품을 사용하면 편리합니다.

마분지

도화지보다 두꺼운 종이로 보통 앞면은 흰색으로 광택이 있고, 뒷면은 회색에 무광택을 띕니다. 보통 내복이나 셔츠 등의 의류 포장에 포함되어 있어요. 생활에서 구할 수 있는 마분지를 버리지 않고 잘 보관하면 미술놀이에 재활용할 수 있습니다.

상자 종이

두툼하고 물감이 잘 스며들어 미술놀이에 활용도가 높습니다. 상자 종이 위에 색을 칠할 땐 아크릴 물감이 가장 효과적입니다. 선명한 색을 칠하려면 물은 적게 사용하는 것이 좋아요.

하드보드지

두껍고 단단한 종이로 공예의 재료로 많이 쓰입니다. 화방에서 구입할 수 있지만 저는 주로 수채화지 스케치북을 다 쓴 후 딱딱한 뒷표지를 재활용합니다.

색상지 / 색종이

아이들의 색감 경험에 좋은 재료로 색상과 크기, 두께가 다양하게 나와 있어요. 만들기와 콜라주에 주로 사용하지요. 대형 화방이나 문방구, 인터넷 오픈마켓 등에서 구입할 수 있습니다.

시트지

뒷면에 접착 성분이 있는 방수지로 다양한 모양으로 잘라서 스티커처럼 쓸 수 있어요. 주로 물감이 묻지 않도록 특정 부분을 덮을 때 사용하는데, 투명 시트지는 창문 장식을 만들 때 유용하게 쓰이기도 합니다.

습자지

매우 얇고 속이 비치는 종이로 선물을 포장할 때 많이 쓰여요. 다양한 색상으로 나와 있어 자르거나 작게 뭉쳐서 미술놀이에 활용합니다.

캔버스 액자

캔버스 천을 나무틀에 씌워 만든 액자로 대부분의 물감으로 채색할 수 있고 물감 외에도 다양한 재료를 사용할 수 있습니다. 종이보다 내구성이 좋고 완성 후 곧바로 전시할 수 있다는 장점이 있어요.

커피 여과지

커피 여과지는 원두커피를 거를 때 쓰는 동그랗고 얇은 종이인데요. 아이들 미술놀이에도 유용하게 쓸 수 있어요. 물을 흡수하는 성질이 뛰어나 물감이 퍼지는 걸 눈으로 볼 수 있고, 쉽게 찢어지지 않아 수채화 물감과 함께 사용하기 좋은 재료입니다.

색을 칠하기 전에 밑그림을 그리거나 선 위주의 그림을 그릴 때 쓰는 재료입니다.

연필

아이들이 가장 손쉽게 그림을 그릴 수 있는 도구예요. 얇은 선을 표현하는 데 좋기 때문에 섬세한 묘사를 할 수 있습니다. 이 책에서는 주로 밑그림을 그릴 때 씁니다. B 또는 2B 연필이 밑그림을 그리기에 적당합니다.

색연필

얇은 선을 그리거나 작은 면을 칠할 때 씁니다. 색이 연하고 두께가 얇아서 유아들보다는 초등학생 이상의 어린이들이 더 잘 활용할 수 있습니다.

사인펜 / 마커

힘을 많이 주지 않아도 선명한 선을 그릴 수 있고 두께가 적당해 어린 아이들이 선을 그리기에 좋은 도구예요. 지울 수 없기 때문에 그림에 자신감을 키우고 싶을 때 사용하면 좋습니다.

크레용 / 크레파스 / 오일파스텔

두께가 두꺼워서 섬세한 표현을 하기는 어렵지만 그림을 크게 그리도록 유도할 때 가장 효과적인 도구예요. 밑그림을 그릴 때도 쓰고 면을 칠할 때도 쓰지요. 크레용은 크레파스에 비해 색이 투명하고 손에 잘 묻지 않아 유아들이 많이 쓰지만 색이 너무 연하고 혼색이 어려워요. 크레파스와 오일파스텔은 손에 잘 묻지만 쉽게 칠해지고 색상이 진하며, 수채화 물감이나 기름과 같은 재료들과 함께 사용하면 다양한 표현을 할 수 있습니다.

붓

색을 칠할 때 쓰는 가장 대표적인 도구로 쓰임새에 따라 크기와 모양이 다양해요. 미술놀이를 하기 위해선 둥근 붓, 납작 붓, 넓은 붓 등을 한두 개씩 가지고 있으면 좋아요. 붓의 상태가 좋지 않으면 원하는 표현을 하기 힘드니 품질이 좋은 학생용 붓을 구입해서 붓을 관리하는 법을 가르쳐주세요. 좋은 붓은 털이 잘 안 빠지고 붓 끝이 잘 모이며 손으로 눌렀을 때 탄력이 있어요. 붓은 물통이나 물감통에 오래 넣어두지 말고 사용 후 곧바로 세척해서 잘 말립니다. 말린 후 붓 끝이 갈라지지 않도록 보관하면 오래 쓸 수 있어요.

면봉

붓을 다루기 어려워하는 아이들이 물감을 칠할 때 쓸 수 있는 도구예요. 면봉에 물감을 묻혀 선을 그리거나 면을 칠할 수 있고 콕콕 점을 찍어 표현할 수도 있어요. 팔레트나 작은 그릇에 물감을 덜고 한 색상에 면봉 하나씩 넣고 사용하세요. 면봉의 올이 너무 많이 풀리면 새 것으로 교체해줍니다.

스포이트

농도가 옅은 물감을 붓 대신 담아 떨어뜨리거나 칠할 때 씁니다. 아이들이 신기해하며 좋아하는 도구이지요. 스포이트가 없을 땐 물약을 덜어 먹이는 작은 약병을 대신 사용할 수 있어요.

스펀지붓

스펀지에 손잡이가 달려 있는 칠하기 도구예요. 넓은 면을 손쉽게 채색할 수 있고 모양에 따라 찍기 놀이를 할 때도 활용할 수 있어요. 주로 어린이 수성 물감이나 아크릴 물감과 함께 씁니다.

롤러

판화를 찍을 때 물감을 골고루 칠하는 도구예요. 고무로 만든 판화용 롤러가 사용감이 가장 좋지만 어린이용 스펀지 롤러나 스펀지붓을 대신 써도 무방합니다.

5
팔레트와 물통

물감을 덜어놓고 쓸 수 있는 팔레트와 붓을 씻는 물통은 여러 모양의 제품이 나와 있지만 따로 구입하지 않아도 됩니다. 일상에서 쓰는 물건들을 활용할 수 있거든요.
예 달걀판, 식료품 스티로폼 포장용기, 머핀틀, 얼음틀, 유리 그릇, 이유식병, 요거트통, 플라스틱통, 유리병 등

6
만들기 재료

점토
이 책에서 사용하는 점토는 단단히 굳힌 후 채색을 할 수 있는 흰색 찰흙 점토와 오븐용 점토예요. 흰색 찰흙 점토는 쉽게 모양을 만들 수 있고 상온에서 말린 후 다양한 색으로 칠할 수 있어 미술놀이에 많이 쓰이지요.
오븐용 점토는 흰색 찰흙 점토보다 손에 잘 묻지 않고 좀 더 섬세한 표현이 가능하며 또 오븐에서 굽기 때문에 내구성이 훨씬 높아요. 아이들이 다루기엔 단단해 힘이 많이 들어가지만 계속 만지다 보면 곧 부드러워지지요. 아이들에게 질 좋은 점토의 질감을 경험시키고 싶거나 완성도 높은 작품을 만들고 싶을 때 사용하면 좋아요. 집에 점토가 없을 때는 밀가루와 소금을 이용해 홈메이드 점토를 만들어 쓰기도 합니다. (200쪽 '홈메이드 점토 오너먼트' 참고)

점토 도구
점토를 쓸 때 함께 사용하면 좋은 재료로는 점토를 평평하게 미는 밀대와 여러 가지 모양을 찍을 수 있는 모양틀, 이

쑤시개나 어묵꼬치와 같은 뾰족한 도구, 빨대, 베이킹 매트 등이 있습니다.

펠트
펠트는 양모 등의 섬유에 압력을 가해 만든 천으로 가장자리가 풀리지 않아 아이들이 바느질을 배울 때 사용하기 편한 재료예요. 가장자리를 바느질 대신 공작풀이나 펠트용 풀로 붙여서 사용할 수도 있어요.

꾸미기 재료
만들기를 할 때 장식할 수 있는 재료로는 모루, 스팽글, 단추, 폼폼, 플라스틱 보석, 털실, 천 등이 있습니다.

재활용 재료
일상의 물건들도 미술놀이의 좋은 재료가 되는데요. 재활용할 수 있는 재료들은 환경에 좋고 재료비 절감에도 도움이 되고, 무엇보다 미술놀이의 재료는 제한이 없다는 것을 경험할 수 있어 아이들의 사고력을 확장시키는 데 유익합니다. 휴지심, 상자 종이, 달걀판, 식료품 스티로폼 포장용기, 버블랩, 아이스크림 막대기, 병 뚜껑, 플라스틱 병이나 용기, 헌 옷 등이 있어요.

7
기타 재료

마스킹 테이프, 아크릴판, 쟁반, 알루미늄포일(쿠킹호일), 공작풀, 딱풀, 가위, 칼

미술놀이 재료 구입처
▫ 대형 화방 / 문구점 : 다양한 미술 재료를 직접 볼 수 있습니다. 미술 재료와 친숙해질 수 있는 좋은 기회이니 가까운 매장에 방문해보길 권합니다.
▫ 인터넷 오픈마켓 : 어린이 미술 재료부터 일반적인 미술 재료, 해외 제품까지 선택의 폭이 넓습니다.
▫ 어린이 미술 재료 인터넷 쇼핑몰 : 무독성 물감, 유아용 붓 등 특화된 어린이 미술 재료가 구비되어 있습니다.

베타테스터의 한마디

미술이란 단어를 들으면 '힘들다'라는 생각이 먼저 납니다. 무엇을 어떻게 해야 할지 모르겠고, 한다 해도 준비하고 치울 것이 많아 엄두가 안 났죠. 게다가 어렸을 적부터 그림이라면 질색팔색했기에 엄마가 되어 미술놀이를 아이와 함께 해야 한다는 얘기를 듣고는 뜨악했습니다. 무조건 피하고만 싶었습니다. 그러다 만난 이 책은 미술놀이에 대한 생각을 바꿔주었습니다. 실생활에서 쉽게 구할 수 있는 재료들로 누구나 즐겁고 멋지게 미술놀이를 할 수 있는 방법이 제시되어 있어 '이 정도면 할 수 있겠다'는 자신감도 생겼습니다. 몇 가지 활동을 직접 해보니 아이들이 무척 즐거워해서 저도 기분이 좋았습니다. 이제는 매주 한 가지씩 아이들과 미술놀이를 해야겠습니다.

한진선
박찬우(남아 5세)
박순우(남아 3세)

문영희
이은채(여아 8세)
이은찬(남아 6세)
이은율(남아 4세)

평소 아이들과 미술놀이 하기를 좋아하지만 매번 다른 놀이를 찾아 해주는 것이 부담스러워 아이들이 원할 때 제대로 해주지 못했습니다. 그런데 이 책을 보니 그러한 고민이 속 시원히 해결되더군요. 계절별로 다채로운 이야기를 담아 미술놀이를 하는데, 찾기 쉬운 재료들로 간단히 만드는데도 멋진 작품이 나와 놀랐습니다. 몇 가지 놀이를 직접 해봤는데 아이들도 저도 너무 만족스러웠어요! 다양한 연령대의 아이들이 할 수 있도록 난이도 조절이 가능하고, 팁이 구체적이어서 활용하기에 불편함이 없었습니다. 무엇보다 '함께 놀아요' 코너를 보며 엄마 아빠와 함께 교감하며 즐기는 가족 미술놀이로 발전시킬 수 있겠다는 생각이 들었습니다. 짧은 시간이라도 온 가족이 모여 미술놀이를 해야겠습니다.

미니언즈에 쏙 빠져 사는 우리 막내~ 책 속의 여러 미술활동들을 보자마자 흥미를 보이더니 요즘 가장 좋아하는 캐릭터인 미니언즈 만들기를 해보자며 졸랐어요. 마침 양말도 미니언즈 그림이 들어간 것으로 신은 터라 바로 미술놀이를 시작했습니다. 아이는 쪼르르 화장실에 가서 모아둔 화장지심을 가져오고, 저는 그 외의 재료들을 준비했습니다. 과정 설명을 따라 해보니 금세 미니언즈들이 완성되네요. 양말 속 친구들과 미니언즈 친구들이 만났다며 아이는 한참을 놀았어요. 이제는 미술놀이가 무섭지 않아요. 오히려 주말에 그다음 작품으로 무얼 만들까 하는 행복한 고민을 하고 있습니다.

배정인
김경우(남아 9세)
김현민(남아 7세)

이현영
김범석(남아 5세)

미술놀이 책을 그저 읽는 것만으로도 이렇게 재미있을 수 있는 건가요?! 사실 엄마표 미술놀이로 해볼 법한 놀이거리를 찾아내도 어떻게 이끌어줄지 몰라서 결국 '엄마의 미술'이 되어버리는 경우가 많았어요. 그런데 이 책은 간단하면서도 알아보기 쉽게 놀이 방법을 소개하고, 재료 구입처까지 안내하고 있어 아이를 돌보는 양육자라면 누구나 활용하기 쉽더군요. 저는 컬러테라피스트로서 미술놀이를 통해 자연스럽게 마음을 표현하고 나누는 시간을 자주 갖는데, 이 책을 보면서 흥미롭고 기발한 아이디어 선물을 받은 듯 기뻤습니다. 사계절 내내 아이들과 즐겁고 유쾌하게 미술로 놀 생각을 하니 설레고 기대됩니다.

상담사로서 현장에서 미술치료를 활용하면서 미술이 아이들에게 주는 긍정적인 효과를 체감하고 있습니다. 그래서 제 아이와도 틈만 나면 함께 미술놀이를 하지만 늘 아이디어의 한계를 느낍니다. 이 책에서 제안하는 여러 활동들을 직접 해보니 재료도 구하기 쉽고 간단한 시도로도 결과물이 근사하게 나와서 아이가 성취감을 느끼기에 좋더군요. 멋진 결과물이 나오지 않아도 활동 과정에 목적을 두고 시도해본다면 아이와 감성이나 생각을 공감하고 공유할 수도 있고요. 미술이라는 좋은 표현 도구를 자녀에게 선물하고 싶은 부모들에게 이 책을 추천합니다.

이다랑
백민후(남아 4세)

이아람
김도윤(남아 7세)
김다인(여아 4세)

학창 시절 미술시간이 가장 두려웠을 만큼 만들기와 그리기에 재주가 없는 저에게 아이들과 함께 하는 미술놀이는 큰 어려움이 아닐 수 없었습니다. 그런데 아티스트맘의 다양한 작품들이 미술놀이가 어렵다는 편견을 깰 수 있도록 도와주었습니다. 물풍선 찍기 활동을 직접 해보니 아이도 엄마인 저도 정말 즐겁게 할 수 있어 만족스러웠어요. 구하기 쉬운 재료들로 이렇게 멋진 작품을 만들 수 있다니, 신기할 뿐입니다. 그동안 미뤄왔던 아이들과의 미술놀이를 이젠 가벼운 마음으로 함께 즐기며 해야겠습니다.

복잡하고 어렵게만 생각했던 미술을 아이와 함께 놀이로 즐길 수 있게 도와주는 감성적인 책이에요. 미술놀이의 재료를 생활 속에서 쉽게 찾을 수 있어 부담이 없어요. 무엇보다 과정이 사진과 함께 친절하게 설명되어 있어 그대로 따라 할 수 있고, 아이와 머리를 맞대고 응용할 수도 있어 창의 주머니를 쑥쑥 자라게 만드네요. 아이와 신나게 웃으면서 놀고 나면 특별한 작품이 만들어져 있어 성취감도 얻을 수 있어요. 세상에 단 하나밖에 없는 우리 아이의 미술품으로 집 안을 꾸미고 싶은 분이나, 함께 미술놀이를 즐기며 가족애를 느끼고픈 분들에게 적극 소개합니다.

조정아
윤소율(여아 8세)

아티스트맘의 **참쉬운미술놀이**
Really Easy! Art Activities for Kids

초판 1쇄 발행 | 2016년 7월 25일
초판 8쇄 발행 | 2022년 2월 1일

지은이 | 안지영
발행인 | 이종원
발행처 | (주)도서출판 길벗
출판사 등록일 | 1990년 12월 24일
주소 | 서울시 마포구 월드컵로 10길 56(서교동)
대표 전화 | 02)332-0931 | 팩스 · 02)323-0586
홈페이지 | www.gilbut.co.kr | 이메일 · gilbut@gilbut.co.kr

기획 및 책임편집 | 최준란(chran71@gilbut.co.kr) | 디자인 · 신세진 | 제작 · 이준호, 손일순, 이진혁
영업마케팅 · 진창섭, 강요한 | 웹마케팅 · 조승모, 송예슬
영업관리 · 김명자, 심선숙, 정경화 | 독자지원 · 윤정아, 홍혜진

편집진행 및 교정 · 장도영 프로젝트 | 본문디자인 및 전산편집 · 조수영
출력 인쇄 · 교보피앤비 | 제본 · 경문제책

ISBN 979-11-87345-42-8 03590
(길벗 도서번호 050112)

독자의 1초를 아껴주는 정성 길벗출판사
⦀ (주)도서출판 길벗 ⦀ IT실용, IT/일반 수험서, 경제경영, 취미실용, 인문교양(더퀘스트), 자녀교육 www.gilbut.co.kr
⦀ 길벗이지톡 ⦀ 어학단행본, 어학수험서 www.gilbut.co.kr
⦀ 길벗스쿨 ⦀ 국어학습, 수학학습, 어린이교양, 주니어 어학학습, 교과서 www.gilbutschool.co.kr

⦀ 페이스북 ⦀ www.facebook.com/gilbutzigy
⦀ 트위터 ⦀ www.twitter.com/gilbutzigy

〈독자기획단이란〉 실제 아이들을 키우면서 느끼는 엄마들의 목소리를 담고자 엄마들과 공부하고 책도 기획하는 모임입니다. 엄마들과 함께 고민도 나누고 부모와 아이가 함께 행복해지는 자녀교육서, 자녀 양육과 훈육의 실질적인 지침서를 만들고자 합니다.